"十三五"国家重点出版物出版规划项目

光电子科学与技术前沿丛书

超快激光微纳加工：原理、技术与应用

程 亚 等著

科 学 出 版 社
北 京

内 容 简 介

超快激光微纳加工是指通过皮秒或飞秒激光脉冲与材料相互作用,对材料进行高品质结构加工或改性的一门尖端技术,具有加工精度高、热效应小、独特的三维微纳加工能力以及被加工材料多样性等显著优势,在基础科学与现代工业中均获得了广泛应用。本书重点介绍超快激光微纳加工的背景与原理,超快激光的特性与技术发展现状,超快激光脉冲时空整形,超快激光对材料的表面处理,基于双光子聚合的飞秒激光三维直写,透明介电材料内部的三维光子学集成,飞秒激光直写制备微流控芯片和集成光流器件,以及超快激光加工在现代工业中的应用。

本书可供相关领域的学者、研究生和相关产业的研发人员参考。

图书在版编目(CIP)数据

超快激光微纳加工:原理、技术与应用/程亚等著. —北京:
科学出版社,2016.9
(光电子科学与技术前沿丛书)
"十三五"国家重点出版物出版规划项目
ISBN 978-7-03-049453-5

Ⅰ.①超⋯ Ⅱ.①程⋯ Ⅲ.①激光加工 Ⅳ.
①TG665

中国版本图书馆 CIP 数据核字(2016)第 173150 号

责任编辑:郭建宇
责任印制:谭宏宇 / 封面设计:殷 靓

科学出版社 出版
北京东黄城根北街 16 号
邮政编码:100717
http://www.sciencep.com

南京展望文化发展有限公司排版
广东虎彩云印刷有限公司印刷
科学出版社发行 各地新华书店经销

*

2016 年 9 月第 一 版 开本:B5(720×1000)
2024 年 1 月第十八次印刷 印张:12 1/4 插页:2
字数:221 000
定价:120.00 元
(如有印装质量问题,我社负责调换)

Preface 丛书序

"光电子科学与技术前沿丛书"主要围绕近年来光电子科学与技术发展的前沿领域，阐述国内外学者以及作者本人在该前沿领域的理论和实验方面的研究进展。经过几十年的发展，中国光电子科学与技术水平有了很大程度提高，光电子材料、光电子器件和各种应用已发展到一定高度，逐步在若干方面赶上世界水平，并在一些领域走在前头。当前，光电子科学与技术方面研究工作科学规律的发现和学科体系的建设，已经具备系列著书立说的条件。这套丛书的出版将推动光电子科学与技术研究的深入，促进学科理论体系的建设，激发科学发现、技术发明向现实生产力转化。

光电子科学与技术是研究光与物质相互作用的科学，是光学光子学和电子科学的交叉学科，涉及经典光学、电磁波理论、光量子理论，和材料学科、物理学科、化学学科，以及微纳技术、工程技术等，对于科学技术的整体发展和信息技术与物质科学技术的深度融合发展都具有重要意义。光电子科学技术本质上是关于物质运动形态转换规律的科学，从光电转换的经典描述到量子理论，从宏观光电转换材料到微纳结构材料，人们对光电激发动力学的认识越来越深入。随着人们对光电转换规律的发现和应用日益进入自由王国，发明了多种功能先进的光电转换器件以及智能化光电功能系统，开辟了光电功能技术广泛应用的前景。

本丛书结合当代光电子科学技术的前沿领域，诸如太阳电池、红外光电子、LED 光电子、硅基光电子、激光晶体光电子、半导体低维结构光电子、氧化物薄膜光电子、铁电和多铁材料光器件、纳米光电子、太赫兹光效应、超快光学、自旋光电子、有机光电子、光电子新技术和新方法、飞秒激光微纳加工、新型光电子材料、光纤光电子等领域,阐述基本理论、方法、规律和发现及其应用。本丛书有清晰的基本理论体系的线条,有深入的前沿研究成果的描述,特别是包括了作者团队以及国内国际同行的科研成果,并且与高新技术结合紧密。本丛书将在光电科学技术诸多领域建立光电转换过程的理论体系和研究方法框架,提供光电转换的基本理论和技术应用知识,使读者能够认识和理解光电转换过程的规律,从而了解光电转换材料器件和应用,同时通过理论知识和研究方法的掌握,提高探索新规律、发明新器件、开拓应用新领域的能力。

我和丛书专家委员会的所有委员们共同期待这套丛书能在涉及光电子科学与技术知识的深度和广度上达到一个新的高度。让我们共同努力,为广大读者提供一套高质量、高水平的光电子科学与技术前沿系列著作,作为对中国光电子科学与技术事业发展的贡献。

2015 年 8 月

Preface 序　言

　　激光发明至今已有五十多年的历史,作为 20 世纪四大发明之一,激光将人类带进了信息社会,日新月异地改变着我们生活的方方面面。同时激光技术自身在研究人员的努力下也得到了长足的进步,发展出多个分支领域,形成了许多新的学科前沿。在现有的激光家族中,超短超强激光是其中最为活跃的一支,它的发展尤其引人注目。超快激光常指激光脉冲宽度小于 10^{-12} s,即亚皮秒量级的超短脉冲激光,由于脉冲时间短,在相同的平均功率条件下,激光的峰值功率远高于连续和长脉冲激光,因而超快激光常又被称为超短超强激光。超快激光有一系列特点,20世纪 80 年代以来,科学家利用这些特点取得了一批重要的基础研究成果,其中基于超快激光技术逐渐发展起来的飞秒化学和光学频率梳,先后获得了 1999 年诺贝尔化学奖与 2005 年诺贝尔物理学奖。除此以外,超快激光之所以能成为当今激光科学技术最活跃的研究前沿,还得益于它对相关交叉科学与技术领域产生的显著推动作用,近年来它在微纳加工应用方面的快速发展就是一个很好的证明。

　　不同于连续或纳秒以上的长脉冲激光,脉宽在皮秒与飞秒时间尺度的超短脉冲激光与物质的相互作用规律发生了本质的变化。激光能量在材料中的沉积过程极短,形成了瞬间的材料烧蚀去除,从而有效地阻止了热的扩散,显著降低热影响区的形成。对一些特殊样品,如生物组织等软物质、半导体以及玻璃或晶体等硬脆材料的高质量加工,该特性尤为重要。此外在透明材料中,超快激光能够引发强烈的非线性光吸收,可以在材料内部开展高精度的三维微纳结构制备。这是一种材料内雕的加工技术,迄今为止,还未有其他技术具备类似的能力而取代超快激光。利用聚焦超快激光三维直写技术,人们可以在各种透明材料中,非常自由地构筑三维光子回路或微流控生化芯片，并方便地对不同类型的功能结构进行集成（例如集成光流控器件）。此外，超快激光也可以在材料表面形成多种功能纳米结构，实现表面性能调控，如摩擦力、黏附力、疏水性、光学吸收或反射等。很难想象，仅仅利用一个单一的光源，就可以同时获得如此多样的微纳结构制备能力，且对材料类型几乎没有限制。

如大家所知，激光长期被用于工业制造，并已形成了巨大的产业。上述超快激光加工的独特能力自然也引起了工业界很大的兴趣。近年来，低成本、高平均功率、高重复频率超快激光器件的快速发展进一步推动着超快激光加工在汽车、航空航天、尖端医疗仪器、微电子、生物芯片等行业中的应用。配合三维打印，这将可能带给整个激光加工产业革命性的变革。作为一门基础物理学科，经过多年的原理探索与开拓，开始逐步走向产业应用，造福于人类，这对该领域中广大研究人员无疑是最好的回报。

本书是在上述背景下产生的具有较高实用性和阅读价值的科学著作。作者很早就开始了在该领域的研究工作，并取得了系统的研究成果，对超快激光加工的机理与技术有着自己独到的理解和认识，对该新兴领域的历史与发展进程有着比较全面的了解。因此通过阅读本书，即使是对激光加工技术比较熟悉的读者，也会有所受益。全书覆盖了超快激光微纳加工的各个重要方面，包括超快激光与物质相互作用的机理、超快激光技术发展现状，以及飞秒激光脉冲的时空特性操控、利用超快激光开展表面处理和在透明材料中进行三维原型器件制备等。最后，该书还介绍了超快激光技术当前崭露头角的若干应用。为了方便读者阅读，书的各章节中尽可能地总结了该领域的代表性工作与经典文献，因此，该书对于高等院校与研究机构的教师、科研人员和研究生以及相关产业的研发人员都有一定的参考意义。

2016 年 4 月

Foreword 前 言

大约两年前,"光电子科学与技术前沿丛书"专家委员会委员、中国科学院上海精密光学机械研究所所长李儒新教授向该丛书专家委员会推荐由我来撰写一本关于超快激光微纳加工的专著。从这个领域近几年的高速发展趋势来看,出版这样一本书,应该是一件重要并迫切的事情。然而,乍闻此事,我仍不免犹豫。背后的压力主要来自两方面:首先是自己才疏学浅,深恐无力完成这样一个重任;其次我当时也承担多项科研任务,工作的负担已接近饱和,因此担心无法保障足够的时间与精力来撰写此书。随着工作的开展,我意识到这本书的撰写,尽管在短时间内会增加我个人的工作量,但是从更长远、更宏观的角度看,及时归纳超快微纳加工领域中的新原理、新发现,系统总结该领域中的新技术与新方法,将有助于培养扶持一批年轻有为的中国学者和活跃在相关产业的研发人员。念及此,在随后的两年中,我和团队的成员利用科研之外的时间,断断续续地进行撰写,直至最近方得以完成全稿。

超快激光微纳加工是基于超快激光与各类物质相互作用的新机理而发展起来的一门高新技术。它的价值大多体现在对一些重要的高技术领域或新兴产业的推动上。因此,超快激光微纳加工的涉及面极宽,如超快激光的原理与超快激光脉冲的操控技术、超快激光脉冲作用于物质后的多种动力学过程以及相关的高技术或产业应用的背景知识等。超快激光微纳加工应用领域的极端多样化，使得毫无遗漏地阐述该领域中的所有进展几乎没有可能。此外，该领域的增长势头也非常迅猛，可以预期，在本书出版后很短的时间里，就会有出乎意料的新成果出现。因此，准确地说，本书的价值在于提供了超快激光微纳加工领域的一张"主干线地图"。借助这张"地图"，初入门者可以大致地了解该领域的概貌与现状，然后再针对自己感兴趣的特定问题，从书中所列出的经典文献中进一步获得详尽的知识。即便如此，本书中仍难免存在错误阐述，或遗漏重要文献与事例，一旦读者发现此类问题，非常欢迎向我们及时指出。

  本书的撰写获得了许多人的支持与帮助。坦率地说，没有他们的贡献，就没有可能完成这本书。乔玲玲和曾斌分别参与撰写了第 1 章和第 2 章，何飞参与撰写了第 3 章和第 8 章，王朝晖、方致伟、林锦添和廖洋分别参与撰写了第 4~7 章。全书由程亚负责统筹和统一定稿。我们这样一支很小但是却高度凝聚的队伍，在本书的撰写过程中充分体现了团队合作的力量。感谢科学出版社对本书出版给予的支持和帮助。最后，我代表所有参与撰写本书的作者，对南京大学祝世宁先生表示深切的感谢和敬意。作为材料科学和激光科学领域的一位大家，他为本书撰写了序言，非常中肯并高度概括地指明了超快激光微纳加工领域的科学意义和应用前景。作为一门新兴科学，能够得到一批前辈科学家的关心和扶持，其未来发展一定会更加健康和充满活力。

程 亚

2016 年 3 月于上海

Contents 目 录

丛书序
序言
前言

第 1 章　超快激光加工概述 ·· 001
1.1　超快激光加工介绍 ·· 001
1.2　超快激光加工的特点 ·· 002
1.2.1　热影响区的抑制 ·· 002
1.2.2　降低等离子体屏蔽 ·· 003
1.2.3　多光子吸收 ·· 003
1.2.4　材料内部改性 ·· 004
1.2.5　电介质中的载流子激发 ······································ 004
1.2.6　超快激光加工的空间分辨率 ·································· 004
1.3　超快激光材料处理 ·· 005
1.3.1　表面微加工 ·· 005
1.3.2　表面微纳结构制备 ·· 007
1.3.3　纳米烧蚀 ·· 008
1.3.4　双光子聚合 ·· 009

1.3.5　透明材料的内部改性 …………………………………………… 010
　　1.3.6　生物医学应用 ……………………………………………………… 012
　　1.3.7　工业和商业应用 …………………………………………………… 013
参考文献 ………………………………………………………………………… 014

第 2 章　超快激光技术简介 …………………………………………………… 021

2.1　超快激光技术 ……………………………………………………………… 021
　　2.1.1　掺钛蓝宝石激光器 ………………………………………………… 021
　　2.1.2　啁啾脉冲放大技术 ………………………………………………… 022
　　2.1.3　飞秒光纤激光器 …………………………………………………… 023
　　2.1.4　薄片激光器 ………………………………………………………… 024

2.2　飞秒激光脉冲诊断技术 …………………………………………………… 024
　　2.2.1　飞秒脉冲的自相关测量 …………………………………………… 025
　　2.2.2　频率分辨光学开关法 ……………………………………………… 025
　　2.2.3　自参考光谱相位相干电场重建法 ………………………………… 026

2.3　飞秒激光材料加工技术 …………………………………………………… 028
　　2.3.1　飞秒激光直写技术 ………………………………………………… 028
　　2.3.2　飞秒激光并行微纳加工技术 ……………………………………… 029

2.4　飞秒激光脉冲整形技术 …………………………………………………… 031
　　2.4.1　飞秒激光脉冲的时域整形技术 …………………………………… 031
　　2.4.2　飞秒激光脉冲的空间整形技术 …………………………………… 032
　　2.4.3　飞秒激光脉冲的时空整形技术 …………………………………… 033
　　2.4.4　飞秒激光脉冲的偏振整形 ………………………………………… 033

参考文献 ………………………………………………………………………… 034

第 3 章　超快激光脉冲时空整形 ……………………………………………… 039

3.1　飞秒脉冲时域整形 ………………………………………………………… 039
　　3.1.1　飞秒脉冲整形简介 ………………………………………………… 039
　　3.1.2　双/多脉冲加工 ……………………………………………………… 044
　　3.1.3　脉冲时域自适应控制 ……………………………………………… 045

3.2　飞秒光束空间整形 ………………………………………………………… 047
　　3.2.1　激光直写截面控制 ………………………………………………… 047

3.2.2　多光束并行处理 ･･ 049
　　　3.2.3　自适应光束空间整形 ･･ 050
　3.3　飞秒激光时空聚焦 ･･･ 051
　　　3.3.1　时空聚焦原理简介 ･･ 051
　　　3.3.2　时空聚焦三维各向同性直写 ････････････････････････････････････ 052
　　　3.3.3　时空聚焦三维光刻 ･･ 054
　　　3.3.4　脉冲前沿倾斜和焦面强度倾斜 ･･････････････････････････････････ 055
　3.4　光束整形加工应用举例 ･･･ 056
　　　3.4.1　无衍射光束加工 ･･ 056
　　　3.4.2　脉冲偏振整形加工 ･･ 058
　　　3.4.3　飞秒激光超分辨加工 ･･ 059
　参考文献 ･･ 060

第4章　超快激光对材料的表面处理 ･･ 065

　4.1　飞秒激光加工薄膜材料 ･･･ 065
　　　4.1.1　飞秒激光对薄膜材料的烧蚀 ････････････････････････････････････ 065
　　　4.1.2　薄膜表面的微凸起结构 ･･ 067
　4.2　材料表面的钻孔与切割 ･･･ 068
　　　4.2.1　表面钻孔 ･･ 068
　　　4.2.2　表面切割 ･･ 069
　4.3　飞秒激光诱导表面周期结构 ･･･ 070
　　　4.3.1　飞秒激光诱导表面周期结构的特点 ･･････････････････････････････ 070
　　　4.3.2　飞秒激光诱导表面周期性结构的形成机理 ････････････････････････ 073
　4.4　硅表面微锥结构 ･･･ 074
　4.5　飞秒激光诱导表面微纳米结构的应用 ･･･････････････････････････････････ 076
　　　4.5.1　材料表面光学特性调控 ･･ 076
　　　4.5.2　表面浸润特性调控 ･･ 080
　　　4.5.3　生物化学应用 ･･ 082
　参考文献 ･･ 083

第5章　基于双光子聚合的飞秒激光三维直写 ････････････････････････････････ 089

　5.1　双光子聚合的原理 ･･･ 089

5.2 双光子聚合的分辨率 091
5.3 材料的功能化 093
5.4 光学元件的加工 095
5.5 微纳机械的加工 097
5.6 微流体器件的加工 098
5.7 医学和生物组织工程中的应用 099
5.8 三维金属微纳结构的加工 101
参考文献 102

第6章 透明介电材料内部的三维光子学集成 106
6.1 利用飞秒激光实现透明介电材料内部改性的原理概述 106
6.2 透明材料内部中三维光波导的制备 107
    6.2.1 制作波导的影响因素 108
    6.2.2 波导的制作方式 110
    6.2.3 不同材料 110
6.3 光子器件的制备 114
    6.3.1 分束器 114
    6.3.2 定向耦合器 115
    6.3.3 马赫-曾德尔干涉仪 115
    6.3.4 频率转换器 117
    6.3.5 有源光子器件 117
    6.3.6 集成量子光子回路 118
    6.3.7 其他微光学器件 120
6.4 高品质光学微腔 121
    6.4.1 在玻璃上制备高品质的光学微腔 122
    6.4.2 制备高品质的晶体微腔 123
参考文献 125

第7章 飞秒激光直写制备微流控芯片和集成光流器件 134
7.1 飞秒激光辅助湿法化学刻蚀制备微流结构 135
7.2 水辅助飞秒激光直写制备微流结构 139
7.3 水辅助飞秒激光直写制备纳流结构 144

7.4 飞秒激光直写实现光流控集成 ············ 146
   7.4.1 自由空间微光学元件和微流控系统的集成 ······ 146
   7.4.2 光波导和微流控系统的集成 ············ 149
   7.4.3 集成芯片在生物医学研究中的应用 ········ 150
参考文献 ································· 152

第8章 超快激光加工在现代工业中的应用 ············ 158

8.1 表面处理 ································· 158
   8.1.1 抗摩擦损耗结构 ···················· 158
   8.1.2 浮雕和成型模具 ···················· 159
   8.1.3 光电子功能性修饰 ·················· 161
8.2 高精度钻孔 ······························· 162
8.3 精密切割 ································· 165
   8.3.1 透明介质 ························· 165
   8.3.2 半导体和金属 ····················· 165
   8.3.3 危险化学物品 ····················· 167
8.4 透明材料三维加工应用 ····················· 169
   8.4.1 激光三维标记与光存储 ··············· 169
   8.4.2 激光玻璃焊接 ····················· 170
8.5 医疗应用举例 ····························· 172
   8.5.1 医用支架加工 ····················· 172
   8.5.2 激光手术 ························· 173
参考文献 ································· 175

索引 ······································· 177

第 1 章

超快激光加工概述

超快激光(即皮秒和飞秒激光)在材料加工中具有加工精度高、热效应小、可实现三维微加工等诸多优点,因此已经被广泛应用于基础研究和实际应用中。本章介绍超快激光加工的特点,并概述各种超快激光加工技术,包括表面微加工、微纳结构制备、双光子聚合、透明材料内部改性,以及生物医学和工业应用。

1.1 超快激光加工介绍

超快激光通常指脉冲宽度短于百皮秒的激光,包括飞秒激光和皮秒激光。1987 年,Srinivasan 等[1]和 Küper 等[2]率先开展了利用超快激光进行材料加工的工作。他们利用紫外超快激光在 PMMA 衬底上获得了非常干净的激光打孔,在孔的周边几乎没有热影响区形成。他们发现与纳秒激光相比,利用超快激光进行材料加工时,烧蚀阈值可以大大降低。随后,进一步的研究表明超快激光因其极高的峰值光强可以通过多光子吸收效应在透明材料(如氯化钠、PTFE 等)衬底上实现干净的烧蚀[3,4]。这些早期的工作对该领域的发展产生了巨大的影响,并在 20 世纪 90 年代获得了迅猛的发展。由于超快激光加工所能够提供的不可取代的独特优越性,同时也得益于高性能超快激光技术的持续发展,目前超快激光在基础研究和多种应用研究中已成为常用的工具。

超快激光加工的一个重要特点是大大减少了热能向加工区域的扩散[5],显著降低了热影响区的形成,从而可以对生物组织等软物质[6]以及半导体、绝缘体等硬或脆的材料[7]进行高质量的微加工。同时,抑制热能向周围区域的扩散也为获得纳米尺度加工的空间分辨率提供了必要的前提[8]。此外,如果超快激光辐照的强度接近烧蚀阈值,会在各种材料上形成纳米条纹,条纹的周期可远小于辐照激光波长[9-12]。超快激光加工的另一个重要特点是能够引发非线性吸收(即多光子吸收),可以使原本对光透明的材料发生强烈的光吸收[3,4]。多光子吸收过程使得超快激光不仅可以对透明材料(如玻璃、聚合物等)的表面进行加工,还可以对其内部进行三维(3D)微加工[13-16]。同时,多光子吸收的非线性过程天然地提供了超越衍射极限的激光加工精度[17]。

另一方面,超快激光系统性能的快速提高也显著地促进了超快激光加工研究的发展。20世纪80年代飞秒激光加工的早期研究中使用的是飞秒紫外(UV)准分子激光。20世纪90年代,钛宝石再生放大器中的啁啾脉冲放大(CPA)技术[18]的产生开启了超快激光加工基础研究的新局面。21世纪初,稳定可靠且紧凑的光纤啁啾脉冲放大器(FCPA)的发展[19]促进了应用方面的研究。最近,利用掺有稀土元素的激光介质,经半导体激光泵浦可以实现紧凑的高功率超快激光系统[20]。目前,这类可用于工业领域的皮秒激光器已商业化。

本章首先描述超快激光加工的特点,然后概述各种用于制造光子器件和生物微芯片以及生物医学和工业应用的加工技术,包括表面微加工、表面微纳结构制备、纳米烧蚀、双光子光聚合、透明材料的内部改性、生物医学和工业应用等。

1.2 超快激光加工的特点

1.2.1 热影响区的抑制

超快激光脉冲加工通常被认为是一个非热过程。由于超快激光脉冲脉宽仅为几十飞秒到几个皮秒,可以抑制激光作用区周围的热影响区的形成,从而可以实现高质量的微加工。以高热导率的金属为例,我们比较一下在飞秒和纳秒激光脉冲辐照条件下金属中的热扩散长度。当激光脉宽短于激光与物质相互作用中电子声子耦合时间(1~100 ps),大部分激光能量被电子吸收,并迅速被转移给晶格,而无热扩散损耗[5]。所以,激光辐照区域周围的热扩散可以忽略。对于大多数金属,电子声子耦合时间为皮秒量级[21],比超快激光脉宽长很多。在这个区域,当金属被超快激光辐照加热到接近熔点T_{im}时,热扩散长度l_d为

$$l_d = \left(\frac{128}{\pi}\right)^{1/8} \left(\frac{DC_i}{T_{im}\gamma^2 C'_e}\right)^{1/4} \quad (1.1)$$

其中,D为热导率,C_i为晶格热容,C'_e为C_e/T_e(C_e是电子热容,T_e是电子温度),γ是电子声子耦合常数[22]。例如,当铜被超快激光加热到其熔点$T_{im}=1356$ K时,l_d的计算值为329 nm[23]。

另外,当激光脉宽 τ 比电子声子耦合时间长很多时,l_d 近似为

$$l_\mathrm{d} = \sqrt{\kappa\tau} \tag{1.2}$$

其中,κ 是热扩散系数。当 $\tau = 10 \text{ ns}$ 时,铜的 l_d 为 1.5 μm,这是传统纳秒激光(如准分子激光)的典型值。所以,利用超快激光进行材料加工时可以明显降低热扩散长度,这意味着减小了加工区周边的热影响区,提高了加工的精度和质量。值得注意的是,当超快激光脉冲的重复频率足够高时,相继脉冲间的热累积效应导致的热扩散作用将不能被忽略。

1.2.2 降低等离子体屏蔽

在激光烧蚀过程中,脉冲辐照之后的百皮秒左右会产生烧蚀等离子体[24]。对于纳秒脉冲,这个等离子体会屏蔽随后的激光辐照,从而导致部分脉冲能量被损耗掉。当使用超快激光时,在烧蚀等离子体形成前,激光辐照就已结束,因此有效增强了材料对光脉冲能量的吸收,可以提高加工效率。

1.2.3 多光子吸收

由于非线性多光子吸收,超快激光可以在原本透明的材料中诱导强烈的光吸收[3]。图 1.1 显示了诱导电子激发的单光子和多光子吸收过程。传统的光吸收指线性的单光子吸收,当单光子能量超过材料带隙时,材料吸收单个光子,导致一个电子从价带被激发到导带。如果单光子能量小于带隙,则在线性条件下无法激发电子,没有吸收。然而,当入射到材料的光子密度极高时(即极高的光强),即使光子能量小于带隙,电子也可以被多个光子激发,这个现象就是多光子吸收。超快激光因其极高的峰值功率可以很容易地实现多光子吸收。因此,即使在对光透明的材料中,超快激光也可以引发强烈的光吸收,从而对诸如玻璃等透明材料进行高质量的微加工。

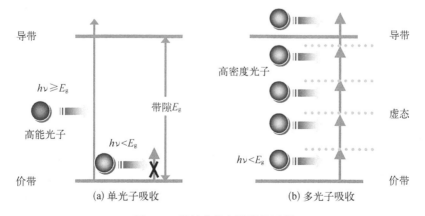

图 1.1 材料中的电子激发过程

1.2.4　材料内部改性

多光子激发需要同时吸收多个光子来完成电子跃迁，是一个非线性光学过程，因此它的产生需要很高的激发光强，只有当激光强度高于某一阈值时，多光子吸收过程才可以被高效率地激发，这一阈值取决于材料自身的特性和激光脉宽。当高能量的超快激光光束经透镜聚焦到透明材料中时（图1.2），多光子吸收仅发生在几何焦点附近光强较高的区域[25]。所以，可以利用超快激光对透明材料的内部进行改性加工[13,14]。材料内部改性加工已被广泛应用于三维光波导、微光学元件、微流通道等的制备中。

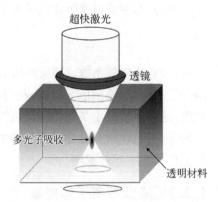

图1.2　超快激光在透明材料中进行三维加工的示意图[25]

1.2.5　电介质中的载流子激发

超快激光辐照在诸如玻璃等电介质中会引发以下电子激发和弛豫过程[26]。电子首先通过多光子吸收或者隧穿电离（当Keldysh参数 γ 远小于1，此参数由激光电场强度、波长和材料电离势决定）从价带激发到导带。激发的电子可以依次吸收多个光子，从而被激发到更高的能态。在这种态下，自由载流子吸收的效率很高。另外，对于足够高的光强，激发的电子被强电场加速，与周围原子碰撞，产生额外电子（雪崩电离）。一些自由电子经过弛豫俘获存储在电子空穴对中的能量，形成自陷激子。这个弛豫过程通常在激光辐照完成后1 ps内开始。一些自陷激子在几百皮秒内通过弛豫形成永久性缺陷。玻璃加热同样发生在激光辐照的几十皮秒后，辐照区域在几十微秒后恢复到室温，导致材料修饰或损坏。当超快激光在玻璃中被聚焦到高于临界强度时，可以观测到由于加热导致的熔融[27,28]。这种熔融已被用来焊接玻璃衬底[29,30]。此外，激光重复频率超过几百千赫兹时会产生显著可控的热累积效应，这可以用于刻写具有圆形截面的低损耗光波导[27,28]。

1.2.6　超快激光加工的空间分辨率

正如1.2.2节讨论的，超快激光脉冲抑制了热能向加工区域周围扩散，提高了材料加工的空间分辨率。当一个10 ns的激光脉冲被聚焦到与激光波长相同大小的光斑（一般几百纳米到1 μm）并辐照到铜靶上时，激光作用区域面积将显著大于光斑尺寸，因为热扩散长度是1.5 μm。相反，由于超快激光辐照中的热扩散几乎可以被忽略，加工区域将被限制在光斑尺寸范围。

在相同波长下，与单光子吸收相比，利用多光子吸收可以进一步增强空间分辨率。理想情况下，超快激光束的强度呈高斯型分布，如图 1.3 中粗虚线所示。对于单光子吸收过程，材料吸收的激光强度的空间分布与原本的激光强度分布的线型相同。然而，对于多光子吸收过程，吸收能量的空间分布会随多光子吸收的阶数（n）的增加而变窄，因为 n 光子吸收系数正比于激光强度的 n 次方。因此，与 n 光子吸收过程所对应的有效光束尺寸 ω 为

$$\omega = \omega_0 / \sqrt{n} \qquad (1.3)$$

其中，ω_0 是聚焦光束的实际尺寸。图 1.3 显示了透明材料的双光子（实线）和三光子（细虚线）吸收对应的吸收能量的空间分布。根据式(1.3)，多光子吸收的空间分辨率会远小于波长。此外，若激光诱导的材料物理或化学特性变化对激光强度的依赖存在一个阈值(只有高于此阈值时，吸收激光能量才能引发光致反应)，加工精度

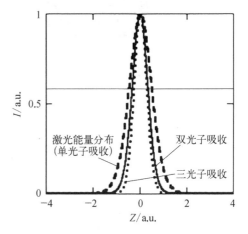

图 1.3 激光能量分布以及材料中多光子吸收的能量分布图[31]

可以通过调节光强来进一步提高。例如，激光能量被调节到与图 1.3 中阈值强度的直实线相匹配时，加工精度可以降至光斑尺寸的 40%[31]。因此，非线性多光子吸收可以实现亚衍射极限的空间分辨率[17]。

1.3 超快激光材料处理

1.3.1 表面微加工

正如 1.2.1 节和 1.2.2 节提到的，利用超快激光烧蚀材料，可以有效抑制热扩散，实现材料的冷加工。图 1.4(a) 和 (b) 分别展示了利用脉宽为 200 fs 和 3.3 ns 的激光脉冲，在 100 μm 厚的薄钢片上钻孔的扫描电子显微镜(SEM)图[32]。其中飞秒激光参数为：脉宽 200 fs，脉冲能量 120 μJ，波长 780 nm，能量密度 0.5 J/cm²；纳秒激光参数为：脉宽 3.3 ns，脉冲能量 1 mJ，波长 780 nm，能量密度 4.2 J/cm²。图中标尺长度为 30 m。由图可知，飞秒激光烧蚀产生的烧孔具有尖锐的边缘和陡峭的侧壁，几乎形成明显的热影响区。相比之下，纳秒激光烧蚀则在烧孔周围产生了很大的熔融区。

超快激光可以对诸如玻璃等易碎的材料进行高质量的微加工。图 1.5(a) 和

图1.4 飞秒激光(a)和纳秒激光(b)在 100 μm 厚钢片上烧蚀钻孔的表面形貌 SEM 图[32]

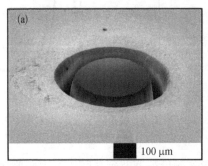
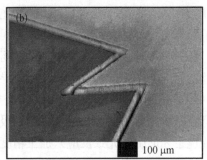

图1.5 飞秒激光烧蚀在玻璃中进行表面微加工(a)和材料切割(b)的 SEM 图[33]

(b)分别是利用飞秒激光烧蚀对玻璃材料进行表面微加工和切割的 SEM 图。两幅图都反映出干净的烧蚀,边缘尖锐且无裂缝产生[33]。

超快激光微加工的一个应用是制备具有特定形状的打印喷头。松下美国分公司首次利用皮秒激光生产了大量不锈钢材质的漏斗形打印喷头[34]。

超快激光微加工的另一个应用是制备冠状动脉支架,可以代替搭桥手术对动脉硬化进行最小侵入式治疗。常规的医疗支架一般由不锈钢或记忆合金制备,需要对这些材料进行后期的化学处理,以获取医学所需的特性,如生物兼容性等。基于镁的合金或特殊的生物聚合物具有更好的生物兼容性。然而,这些材料在高温下会发生化学变性,无法利用传统的纳秒激光开展加工。超快激光微加工可以克服这些问题,因为该技术是冷加工过程,产生的热影响区极小。图 1.6 是利用飞秒激光制备的医疗支架的原型,支架材料为生物可吸收的聚合物。该方法制备的支架无须后期处理[35]。

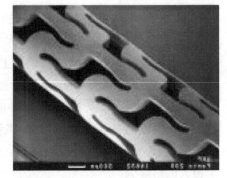

图1.6 利用飞秒激光制备的医疗支架[35]

飞秒激光微加工技术非常适合处理软物质或高熔点金属等功能材料。

1.3.2 表面微纳结构制备

在超快激光加工中,通过控制加工过程中的参数,如光束强度、光束时空分布、波长、偏振以及加工环境(大气环境或液体)等,可以实现各种微米和纳米尺度的条纹。

最著名的微结构是纳米条纹,是利用接近烧蚀阈值能流的超快激光辐照形成的。人们很早就知道可以利用纳秒或更长的脉冲辐照材料形成周期性表面结构。这种结构被认为是由入射激光与表面微纳结构产生的反射(散射)光干涉导致的。条纹的取向一般垂直于入射光的偏振方向,形成的结构的间隔为 $\lambda/[n(1\pm\sin\theta)]$,其中,$\lambda$ 是波长,θ 是激光入射角,n 是材料折射率[36,37]。这类条纹的间隔在波长量级或更长。相反,飞秒激光辐照产生的周期性光栅结构的间隔比激光波长小很多[38]。纳米尺度的周期性光栅结构(纳米条纹)不仅可以在各种材料的表面形成,包括金属[39]、陶瓷[11,40]、半导体[41]、绝缘体[9,42]等,而且还可以在诸如玻璃等透明材料的内部形成[9,43]。图 1.7 显示了利用 800 nm 中心波长、100 fs 的激光脉冲辐照铜表面形成的纳米条纹的周期与激光能量密度的关系[44]。条纹纹路的取向垂直于激光偏振的方向,与激光能量密度无关。当能量密度接近低的烧蚀阈值(约 0.04 J/cm²)时,光栅结构的间隔为 300 nm,远小于激光波长 800 nm。飞秒激光辐照形成的表面纳米条纹可以被应用于一系列的表面特性控制,如降低表面摩擦力,增加薄膜和医学植入物的表面附着力等。飞秒激光辐照形成的其他有趣且

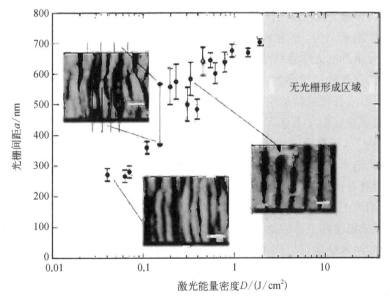

图 1.7 激光辐照铜表面形成纳米条纹的周期与激光能量密度的关系图[44]

有用的纹理有锥形微米结构的规则阵列,就是利用百飞秒级的激光脉冲辐照处于卤素气体(如 SF_6 和 Cl_2)中的硅材料而形成的[45,46]。该锥形阵列结构可显著降低硅表面的反射率,形成所谓的黑硅[47,48]。利用类似的表面结构,对于提高太阳能光伏电池的效率也非常有价值[49]。同时,在超快激光形成的纳米条纹结构表面涂覆一层硅烷分子,可产生超疏水表面获得类似于莲叶表面的自净效应[46,50]。类似的结构也可以在其他材料表面[51]中形成。本书第 4 章将会更加详细地介绍超快激光对材料表面进行处理的研究。

1.3.3　纳米烧蚀

超快激光加工减小热影响区的特性使得加工的空间分辨率可以达到亚波长量级甚至更小[52,53]。图 1.8 是飞秒激光诱导双光子吸收过程在 GaN 表面形成的纳米孔洞阵列。近红外激光的倍频光(波长 387 nm,脉宽 150 fs,脉冲能量 10 nJ)经由数值孔径 NA=0.9 的物镜聚焦到 GaN 单晶衬底上进行烧蚀,随后,将烧蚀样品放入盐酸(HCl)溶液中处理以除去残余碎片,形成了最小直径可达 200 nm 的烧蚀孔。该图中烧蚀孔的直径远小于激光波长,这得益于多光子吸收的非线性特点以及飞秒激光加工时几乎被完全抑制的热影响区。

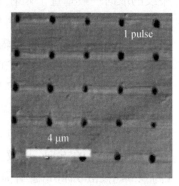

图 1.8　飞秒激光在 GaN 表面烧蚀形成的二维纳米孔阵列[52]

利用飞秒激光多光束干涉技术,可以在石英玻璃基底上的金薄膜层形成多种奇特的新型纳米结构,如纳米鼓、纳米带、纳米网格等[8,54,55]。实验中使用了一个带有透射分束片的光学系统来分离并合束多路飞秒激光光束,从而实现多光束干涉。通过优化各种加工参数,如激光能量密度、干涉模式周期、金膜厚度和衬底材料等,可以形成各种独特的纳米结构。如图 1.9(a)和(b)所示,飞秒脉冲(130 fs,790 nm)辐照在以白宝石(0001)为衬底的 10 nm 厚的金膜上,通过四光束干涉产生了纳米水滴[56],干涉模式的周期为 1.3 μm,形成的结构约 800 nm 高,顶端的纳米球和支撑该纳米球的纳米柱的半径仅分别为 75 和 18 nm。如图 1.9(c)和(d)所示,若采用具有更高热导率且对激光波长不透明的硅(100)作为金膜的衬底材料,可以形成纳米王冠[57]。另外,若使用 1.7 μm 的干涉周期,并以白宝石(0001)为衬底,可以在鼓形结构上形成纳米晶须,其曲率半径小于 15 nm[图 1.9(e)和(f)][58]。图 1.9 中的纳米结构可以产生场增强效应,在纳米技术领域具有广泛的应用前景。有趣的是,这些微结构的产生本质上借助了熔融、流动、弯曲和膨胀等热过程,但是通过飞秒激光辐照剂量控制,可以获得精确的热量沉积。

实现纳米加工的另一途径是利用近场光学效应克服衍射极限。将飞秒激光束

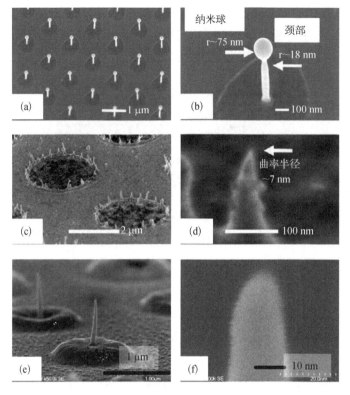

图 1.9 飞秒激光在不同衬底、不同厚度的金膜上制备的纳米结构[56-58]

与扫描探测显微镜的纳米探针结合起来也可以实现纳米尺度的加工分辨率[59,60]。最近,使用金属和介质纳米球进行纳米烧蚀也被广泛研究[61,62],其产生的亚波长结构是由纳米球附近的近场增强效应引发的烧蚀所形成的。这种方法可以在各种材料表面制备纳米孔洞,包括半导体、金属和电介质。

1.3.4 双光子聚合

激光立体光刻 3D 快速成型技术(即 3D 光聚合)在商业领域已经被广泛用于制备工作模具、直接注入模具、医学模型,设计验证以及功能和性能测试等[63]。在这一过程中,一个聚焦的 UV 激光束(通常来自 He-Cd 激光)在光固化环氧树脂的第一层上进行扫描,环氧树脂起初是液态,但在激光辐照后由于单光子吸收而固化。随后升降台下降,聚焦激光开始扫描第二层,通过一层一层地重复扫描就可以形成一个 3D 结构。

如果利用近红外激光作为三维光刻的光源,三维结构可以通过双光子吸收直接形成,无须移动升降台(图 1.10)。利用近红外激光进行三维光刻被称为双光子聚合(TPP),TPP 的一个重要特点是亚波长的空间分辨率。2001 年,Kawata 等利用超短脉冲激光诱导一种液态树脂材料发生双光子聚合反应,制备了吉尼斯世界纪录中最小的"公牛",开创了利用 TPP 进行三维微纳加工的新领域,加工分辨率达到 120 nm,从而突破了传统光学理论的衍射极限[17]。

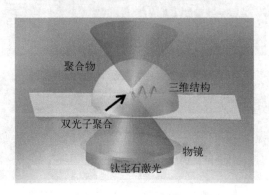

图 1.10　双光子聚合技术制备三维纳米结构的示意图

基于飞秒激光的 TPP 和光刻技术目前已被广泛应用于制备光子晶体[64,65]、微纳系统[66-68]、芯片上的实验室器件[69,70],并已用于医学组织工程研究中[71,72]。该技术的分辨率一般为 100 nm,通过优化激光功率和扫描速度,分辨率可以进一步提高到 25 nm[73]。

使用含金属离子的水溶液(如用于银沉积的硝酸银溶液和金沉积的四氯金酸等)替代光固化树脂可以制备出导电的 3D 金属微结构[74],这是由于水溶液中的金属离子可以通过双光子诱导被还原,这种 3D 金属微结构可以用于制备微电子机械系统,以及超材料光子器件等。第 5 章将更加详细地描述双光子聚合技术制备三维微结构及其相关应用的研究。

1.3.5　透明材料的内部改性

正如 1.2.5 节所描述的,超快激光可以对玻璃材料内部进行改性处理。1996年,Davis 等[13]利用超快激光在玻璃内部引发了折射率的永久性改变,这可以用于在玻璃内部进行光波导直写。目前,在各种玻璃(包括熔石英[27,75]、硼酸盐玻璃[27,76]、硫化物玻璃[77,78]等)内部刻写光波导结构的研究引起了科学家的广泛兴趣。基于不同的加工参数,刻写的光波导的内部直径(其折射率相比周围增加了 $10^{-4} \sim 10^{-2}$)从 2 到 25 μm 不等。当前,在熔石英中刻写的光波导对于 633 nm 的光的传播损耗已可低至约 0.2 dB/cm[79]。光波导结构也可以刻写到透明的聚合物中[15,16]。在聚合物 CYTOP(对紫外波段透明)中刻写的光波导,对 355 nm 和 266 nm 光的传播损耗分别为 0.77 dB/cm 和 0.91 dB/cm[16]。

通过改变折射率可以制备三维光子器件,如光耦合器和分束器[80]、体 Bragg 光栅[81]、衍射透镜[82]和微型激光器[83,84]等。例如,利用超快激光在有源光学材料

(如掺铒玻璃)中刻写光波导可以实现一个紧凑且高效的单纵模激光器,输出波长为 1.5 μm,最大输出功率达 55 mW[83]。利用干涉飞秒激光脉冲在 LiF 中刻写光波导并加入折射率调制的体光栅结构可以实现分布反馈激光[84]。

2011 年乔玲玲等利用飞秒激光直写技术在石英玻璃芯片中制备了微光学透镜和微流体通道的集成芯片[85]。图 1.11(a)是微透镜和微流体通道三维集成示意图,根据物像公式可以在理论上推算出,微光学透镜对微通道具有 5 倍放大镜的功能。为了检验微透镜的成像能力,我们在 Y 型通道中注入直径为 10 μm 的绿色荧光微球,未经微透镜放大及经过微透镜放大的荧光小球的显微图像如图 1.11 所示,荧光小球图像放大后的直径约为 52 μm,成像放大率与理论值基本一致。

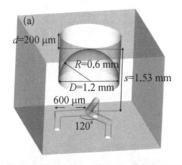

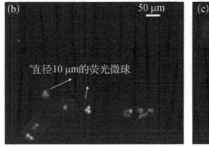
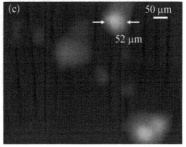

图 1.11 微透镜和微流体通道三维集成示意图(a);未经微透镜放大时微通道的荧光小球显微图像(b);经过微透镜放大后微通道的荧光小球显微图像(c)[85]

该工作利用微透镜对微通道及内部荧光小球放大成像,得到了质量较好的图像,展示了微透镜良好的成像能力。整个系统可以看作是一个集成的放大镜系统,可被用来观察微流体腔中的微生物动态行为,或者对微通道中感兴趣的区域进行荧光探测。与普通的光学放大系统相比,此芯片具有低消耗、微型化、可调化等优点,对许多芯片实验室具有潜在的应用价值。

柳克银等利用基于飞秒激光直写的微固化技术,成功地在玻璃材料内部制备出复杂形状的三维金属导体微结构[86]。该技术利用飞秒激光直写辅以湿化学腐蚀在玻璃材料内部制备出任意形状的三维微流体、空腔结构作为金属导体微结构的模具,并将液相的金属镓注入微型模具中。利用后续的冷却处理使金属镓固化,即可得到任意形状的三维金属导体微结构。图1.12(a)和(c)给出了利用该技术制备的简单微型金属螺旋结构和U型金属螺旋结构。图1.12(b)在金属螺旋结构的中心集成了直线型微流通道。该技术是一种无掩膜的制备金属微结构的方法,主要优势在于其具备强大的三维加工能力,且在与其他功能的集成上显示出很大的灵活性,在制备多功能集成的微型芯片上具有广阔的应用前景。

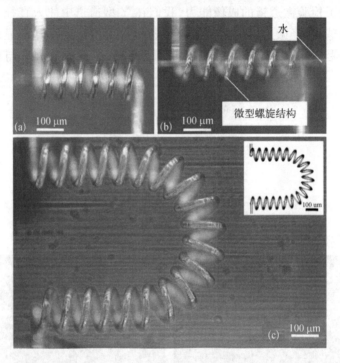

图1.12 利用基于飞秒激光直写的微固化技术制备的三维金属导体微结构[86]
(a) 简单的微型金属螺旋结构;(b) 微型金属螺旋结构与微流通道的集成;(c) U型金属螺旋结构

1.3.6 生物医学应用

飞秒激光可以将相互作用区域限制在一个微小的三维体积内,因此飞秒激光对于生物成像以及细胞和生物组织的处理是一种具有很大应用前景[87],聚焦的飞秒激光束可以进行纳米手术,包括对组织和细胞进行解剖[88]、显微外科手术[89],以及转染[90]等。1.3.3节提到的利用金属纳米粒子增强飞秒激光光学近场的研究,同样是一种有应用前景的纳米手术技术[91]。

当飞秒激光聚焦在液体中时,会产生冲击波和空化气泡[92],飞秒激光诱导的这一现象已经被用于聚合物的析晶[93]、蛋白质块和细胞的塑形[94]、细胞中纳米粒子的注入[95]、细胞的局部刺激[96]和单个细胞的分离[97]等。

飞秒激光在生物医学方面的一个重要应用是利用激光进行眼角膜修复[98]。图 1.13 显示了利用飞秒激光辐照在灵长目动物角膜上进行手术后的扫描电镜图。目前,用于产生角膜薄片的飞秒激光治疗装置已经商业化,这比传统的机械微角膜更加精确且可预测[99]。

1.3.7 工业和商业应用

飞秒激光加工技术在半导体制造领域最早的应用之一就是通过激光烧蚀进

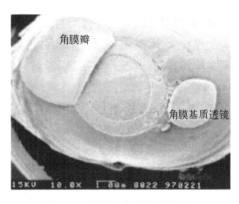

图 1.13 飞秒激光在动物角膜手术后的扫描电镜图[98]

行掩膜修复。波长 266 nm,脉宽 100 fs 的脉冲可以实现高达 100 nm 的空间分辨率[100]。基于超快激光的掩膜修复技术目前已经被用于 IBM 公司的掩膜制备设施中[33]。

10 年前,超快激光加工技术就已经在汽车工业领域显示出了很大的应用价值,并可以满足多方面的要求,包括微型化、高精度、高质量、多样化和高效率[101]等。自 2007 年起,德国已使用皮秒激光加工技术生产尾气检测器[101](图 1.14),该传感器有一个特殊的陶瓷层,可以比传统传感器更快更精确地测量废气,然后通过优化燃烧控制来降低污染排放。2009 年起,皮秒激光也已被用于制造柴油机喷射器。皮秒激光制备的排放槽可以使密闭系统承受高达 2 000 bar(1 bar=10^5 Pa)的压力,这使得柴油机的注入系统更加可靠、牢固且环保。

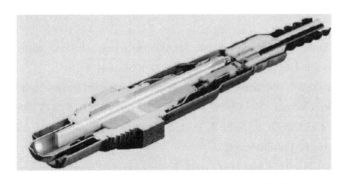

图 1.14 皮秒激光制备的尾气检测传感器[101]

此外,超快激光加工技术也在玻璃焊接方面具有重要应用前景的技术,并在微机械、医疗器件、小卫星等领域引起了人们极大的研究兴趣。2005 年,Tamaki 等首次利用飞秒激光(中心波长 800 nm、脉冲宽度 130 fs、重复频率 1 kHz)实现了对两块熔石英玻璃衬底的焊接[103]。消除衬底之间的气体隔层对于玻璃焊接过程非常重要，该实验中，先将两个衬底彻底清洁再将其叠置在一起，并利用一个透镜与3个螺栓将其固定压紧。然后，再将飞秒激光光束聚焦在交界面处进行焊接（图1.15）。自此工作之后，飞秒激光和皮秒激光便被广泛地应用于焊接同类型的玻璃衬底，包括碱硼硅酸盐玻璃、钠钙玻璃、光敏玻璃等。

本书第8章将更加详细地描述超快激光加工在工业和商业领域的应用。

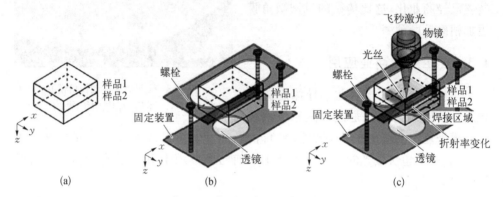

图1.15 超快激光焊接两块玻璃衬底的示意图[102]
(a) 两块堆叠的玻璃衬底；(b) 和 (c) 利用紧聚焦的飞秒激光在两块玻璃衬底交界面进行焊接

参 考 文 献

[1] Srinivasan R, Sutcliffe E, Braren B. Ablation and etching of polymethylmethacrylate by very short (160 fs) ultraviolet (308 nm) laser pulses. Applied Physics Letters, 1987, 51: 1285 - 1287.

[2] Küper S, Stuke M. Femtosecond uvexcimer laser ablation. Applied Physics B, 1987, 44: 199 - 204.

[3] Küper S, Stuke M. Ablation of polytetrafluoroethylene (Teflon) with femtosecond UV exicimer laser pulses. Applied Physics Letters, 1989, 54: 4 - 6.

[4] Küper S, Stuke M. Ablation of uv-transparent materials with femtosecond UV excimer laser pulses. Microelectron. Mrs Online Proceeding Library, 1989, 9: 475 - 480.

[5] Momma C, Chichkov B N, Nolte S, et al. Short-pulse laser ablation of solid targets. Optics Commun, 1996, 129: 134 - 142.

[6] Yanik M F, Cinar H, Cinar H N, et al. Neurosurgery: Functional regeneration after laser axotomy. Nature, 2004, 432: 822.

[7] Barsch N, Korber K, Ostendorf A, et al. Ablation and cutting of planar silicon devices using femtosecond laser pulses. Applied Physics A, 2003, 77: 237 - 242.

[8] Nakata Y, Okada T, Maeda M. Fabrication of dot matrix, comb, and nanowire structures using laserablation by interfered femtosecond laser beams. Applied Physics Letters, 2002, 81: 4239 - 4241.

[9] Reif J, Costache F, Henyk M, et al. Ripples revisited: non-classical morphology at the bottom of femtosecond laser ablation craters in transparent dielectrics. Applied Surface Science, 2002, 197-198: 891-895.

[10] Wu Q, Ma Y, Fang R, et al. Femtosecond laser-induced periodic surface structure on diamond film. Applied Physics Letters, 2003, 82: 1703-1705.

[11] Rudolph P, Kautek W. Composition influence of non-oxidic ceramics on self-assembled nanostructures due to fs-laser irradiation. Thin Solid Films, 2004, 453-454: 537-541.

[12] Miyaji G, Miyazaki K. Ultrafast dynamics of periodic nanostructure formation on diamondlikecarbon films irradiated with femtosecond laser pulses. Applied Physics Letters, 2006, 89: 191902.

[13] Davis K M, Miura K, Sugimoto N, et al. Writing waveguides in glass with a femtosecond laser. Optics Letter, 1996, 21: 1729-1731.

[14] Glezer E N, Milosavljevic M, Huang L, et al. Three-dimensional optical storage inside transparent materials. Optics Letter, 1996, 21: 2023-2025.

[15] Watanabe W, Sowa S, Tamaki T, et al. Three-dimensional waveguides fabricated in poly (methyl methacrylate) by a femtosecond laser. Japanese Journal of Applied Physics, 2006, 45: L765-L767.

[16] Hanada Y, Sugioka K, Midorikawa K. UV waveguides light fabricated in fluoropolymer CYTOP by femtosecond laser direct writing. Optics Express, 2010, 18: 446-450.

[17] Kawata S, Sun H B, Tanaka T, et al. Finer features for functional microdevices. Nature, 2001, 412: 697-698.

[18] Rudd J V, Korn G, Kane S, et al. Chirped-pulse amplification of 55-fs pulses at a 1+kHz repetition rate in a Ti-Al_2O_3 regenerative amplifier. Optics Letter, 1993, 18: 2044-2046.

[19] Arai A, Bovatsek J, Yoshino F, et al. Fiber chirped pulse amplification system for micromachining. Proceedings of SPIE, 2006, 6343: 63430S.

[20] Kleinbauer J, Eckert D, Weiler S, et al. 80 W ultrafast CPA-free disk laser. Proceedings of SPIE, 2008, 6871: 68711B.

[21] Anisimov S I, Rethfeld B. Theory of ultrashort laser pulse interaction with a metal. Proceedings of SPIE, 1997, 3093: 192-203.

[22] Corkum P B, Brunel F, Sherman N K, et al. Thermal response of metals to ultrashort pulse laser excitation. Physical Review Letters, 1988, 61: 2886-2889.

[23] Fujita M, Hashida M. Applications of femtosecond lasers. Oyo Buturi, 2004, 73: 178-185 (in Japanese).

[24] Hanada Y, Sugioka S V, Miyamoto I, et al. Double-pulse irradiation by laser-induced plasma-assisted ablation (LIPAA) and mechanisms study. Applied Surface Science, 2005, 248: 276-280.

[25] Sugioka K, Cheng Y. Overview of ultrafast laser processing//Ultrafast Laser Processing, Sugioka K, Cheng Y. Pan Stanford, Singapore, 2013.

[26] Mao S S, Quere F, Guizard S, et al. Dynamics of femtosecond laser interactions with dielectrics. Applied Physics A, 2004, 79: 1695–1709.

[27] Eaton S M, Zhang H, Herman P R, et al. Heat accumulation effects in femtosecond laser-written waveguides with variable repetition rate. Optics Express, 2005, 13: 4708–4716.

[28] Eaton S M, Zhang H, Ng M L, et al. Transition from thermal diffusion to heat accumulation in high repetition rate femtosecond laser writing of buried optical waveguides. Optics Express, 2008, 16: 9443–9458.

[29] Tamaki T, Watanabe W, Nishii J, et al. Welding of transparent materials using femtosecond laser pulses. Japanese Journal of Applied Physics, 2005, 22: L687–L689.

[30] Miyamoto I, Horn A, Gottmann J. Local melting of glass material and its application to direct fusion welding by ps-laser pulses. Journal of Laser Micro/Nanoengin, 2007, 2: 7–14.

[31] Sugioka K, Cheng Y. Femtosecond Laser 3D Micromachining for Microfluidic and Optofluidic Applications. London: Springer, 2014.

[32] Chichkov B N, Momma C, Nolte S, et al. Femtosecond, picosecond and nanosecond laser ablation of solids. Applied Physics A, 1996, 63: 109–115.

[33] http://www.lasermicromachining.com/wp-content/uploads/2014/09/Micromachining-of-Industrial-Materials-with-Ultrafast-Laser.pdf.

[34] Sugioka K, Gu B, Holmes A. The state of the art and future prospects for laser direct-write for industrial and commercial applications. MRS Bulletin, 2007, 32: 47–54.

[35] Tönshoff H K, Ostendorf A, Nolte S, et al. Micromachining using femtosecond laser. Proceedings of SPIE, 2000, 4088: 136–139.

[36] Jain A K, Kulkarni V N, Sood D K, et al. Periodic surface ripples in laser-treated aluminum and their use to determine absorbed power. Journal of Applied Physics, 1981, 52: 4882–4884.

[37] Keilmann F, Bai Y H. Periodic surface structures frozen into CO_2 laser-melted quartz. Applied Physics A, 1982, 29: 9–19.

[38] Sakabe S, Hashida M, Tokita S, et al. Mechanism for self-formation of periodic grating structures on a metal surface by a femtosecond laser pulse. Physical Review B, 2009, 79: 033409.

[39] Hashida M, Fujita M, Tsukamoto M, et al. Femtosecond laser ablation of metals: Precise measurement and analytical model for crater profiles. Proceedings of SPIE, 2002, 4830: 452–457.

[40] Yasumaru N, Miyazaki K, Kiuchi J. Femtosecond-laser-induced nanostructure formed on hard thin films of TiN and DLC. Applied Physics A, 2003, 76: 983–985.

[41] Borowiec A, Hauge, H K. Subwavelength ripple formation on the surfaces of compound semiconductors irradiated with femtosecond laser pulses. Applied Physics Letters, 2003, 82: 4462–4464.

[42] Costache F, Henyk M, Reif J. Surface patterning on insulators upon femtosecond laser

ablation. Applied Surface Science, 2003, 208 - 209: 486 - 491.

[43] Shimotsuma Y, Kazansky P G, Qiu J R, et al. Self-organized nanogratings in glass irradiated by ultrashort light pulses. Physical Review Letters, 2003, 91: 247405.

[44] Hashida M, Nagashima K, Fujita M, et al. Femtosecond laser ablation of metals: Characterization of new processing phenomenon and formation of nano-structures. Proceedings of 9th Sym. on Microjoining and Assembly Technology in Electronocs, 2003, 9: 517 - 522.

[45] Her T H, Finlay R J, Wu C, et al. Microstructuring of silicon with femtosecond laser pulses. Applied Physics Letters, 1998, 73: 1673 - 1675.

[46] Baldacchini T, Carey J E, Zhou M, et al. Superhydrophobic surfaces prepared by microstructuring of silicon using a femtosecond laser. Langmuir, 2006, 22: 4917 - 4919.

[47] Carey J E, Crouch C H, Shen M, et al. Visible and near-infrared responsivity of femtosecond-laser microstructured silicon photodiodes. Optics Letters, 2005, 30: 1773 - 1775.

[48] Younkin R, Carey J E, Mazur E, et al. Infrared absorption by conical silicon microstructures made in a variety of background gases using femtosecond-laser pulses. Journal of Applied Physics, 93: 2626 - 2629.

[49] Wang F, Chen C, He H, et al. Analysis of sunlight loss for femtosecond laser microstructed silicon and its solar cell efficiency. Applied Physics A, 2011, 103: 977 - 982.

[50] Zorba V, Stratakis E, Barberoglou M, et al. Biomimetic artificial surfaces quantitatively reproduce the water repellency of a lotus leaf. Advanced Materials, 2008, 20: 4049 - 4054.

[51] Naya B K, Gupta M C, Kolasinski K W. Spontaneous formation of nanospiked microstructures in germanium by femtosecond laser irradiation. Nanotechnology, 2007, 18: 195302.

[52] Nakashima S, Sugioka Midorikawa K. Enhancement of resolution and quality of nano-hole structure on GaN substrates using the second-harmonic beam of near-infrared femtosecond laser. Applied Physics A, 2010, 101: 475 - 481.

[53] Nakashima S, Sugioka K, Ito T, et al. Fabrication of high-aspect-ratio nanohole arrays on GaN surface by using wet-chemical-assisted femtosecond laser ablation. Journal Laser Micro/Nanoengin, 2011, 6: 15 - 19.

[54] Nakata Y, Okada T, Maeda M. Nano-sized hollow bump array generated by single femtosecond laser pulse. Japanese Journal of Applied Physics, 2003, 42: L1452 - L1454.

[55] Nakata Y, Okada T, Maeda M. Lithographical laser ablation using femto-second laser. Applied Physics A, 2004, 79: 1481 - 1483.

[56] Nakata Y, Miyanaga N, Okada T. Effect of pulse width and fluence of femtosecond laser on the size of nanobump array. Applied Surface Science, 2007, 253: 6555 - 6557.

[57] Nakata Y, Tsuchida K, Miyanaga N, et al. Liquidly process in femtosecond laser processing. Applied Surface Science, 2009, 255: 9761 - 9763.

[58] Nakata Y, Momoo K, Hiromoto T, et al. Generation of superfine structure smaller than 10 nm by interfering femtosecond laser processing. Proceedings of SPIE, 2011, 7920: 79200B.

[59] Chimmalgi A, Choi T Y, Grigoropoulos C P, et al. Femtosecond laser apertureless near-field nanomachining of metals assisted by scanning probe microscopy. Applied Physics Letters, 2003, 82: 1146-1148.

[60] Lin Y, Hong M H, Wang W J, et al. Sub-30 nm lithography with near-field scanning optical microscope combined with femtosecond laser. Applied Physics A, 2005, 80: 461-465.

[61] Atanasov P A, Takada H, Nedyalkov N N, et al. Nanohole processing on silicon substrate by femtosecond laser pulse with localized surface plasmonpolariton. Applied Surface Science, 2007, 253: 8304-8308.

[62] Eversole D, Luk'yanchuk B, Ben-Yakar A. Plasmonic laser nanoablation of silicon by the scattering of femtosecond pulses near gold nanospheres. Applied Physics A, 2007, 89: 283-291.

[63] http://www.cmet.co.jp/en/index.html.

[64] Sun H B, Matsuo S, Misawa H. Three-dimensional photonic crystal structures achieved with two-photon-absorption photopolymerization of resin. Applied Physics Letters, 1999, 74: 786-788.

[65] Serbin J, Ovsianikov A, Chichkov B. Fabrication of woodpile structures by two-photon polymerization and investigation of their optical properties. Optics Express, 2004, 12: 5221-5228.

[66] Maruo S, Inoue H. Optically driven micropump produced by three-dimensional two-photon microfabrication. Applied Physics Letters, 2006, 89: 144101.

[67] Maruo S, Inoue H. Optically driven viscous micropump using a rotating microdisk. Applied Physics Letters, 2007, 91: 084101.

[68] Tian Y, Zhang Y L, Ku J F, et al. High performance magnetically controllable microturbines. Lab Chip, 2010, 10: 2902-2905.

[69] Wang J, He Y, Xia H, et al. Embellishment of microfluidic devices via femtosecond laser micronanofabrication for chip functionalization. Lab Chip, 2010, 10: 1993-1996.

[70] Wu D, Chen Q D, Niu L G, et al. Femtosecond laser rapid prototyping of nanoshells and suspending components towards microfluidic devices. Lab Chip, 2009, 9: 2391-2394.

[71] Ovsianikov A, Malinauskas M, Schlie S, et al. Three-dimensional laser micro- and nano-structuring of acrylated poly (ethylene glycol) materials and evaluation of their cytotoxicity for tissue engineering applications. ActaBiomaterialia, 2011, 7: 967-974.

[72] Farsari M, Chichkov B. Materials processing: Two-photon fabrication. Nature Photonics, 2009, 3: 450-452.

[73] Tan D F, Li Y, Qi F G, et al. Reduction in feature size of two-photon polymerization using

SCR500. Applied Physics Letters, 2007, 90: 071106.

[74] Tanaka T, Ishikawa A, Kawata S. Two-photon-induced reduction of metal ions for fabricating three-dimensional electrically conductive metallic microstructure. Applied Physics Letters, 2006, 88: 081107.

[75] Chan J W, Huser T R, Risbud S H, et al. Modification of the fused silica glass network associated with waveguide fabrication using femtosecond laser pulses. Applied Physics A, 2003, 76: 367-372.

[76] Dharmadhikari J A, Dharmadhikari A K, Bhatnagar A, et al. Writing low-loss waveguides in borosilicate (BK7) glass with a low-repetition-rate femtosecond laser. Optics Communications, 2011, 284: 630-634.

[77] Efimov O M, Glebov L B, Richardson K A, et al. Waveguide writing in chalcogenide glasses by a train of femtosecond laser pulses. Optics Materials, 2001, 17: 379-386.

[78] Le Coq D, Masselin P, Przygodski C, et al. Morphology of waveguide written by femtosecond laser in As_2S_3 glass. J. Non-Crystal. Solids, 2009, 355: 37-42.

[79] Zhang H, Eaton S M, Herman P R. Low-loss Type II waveguide writing in fused silica with single picosecond laser pulses. Optics Express, 2006, 14: 4826-4834.

[80] Watanabe W, Asano T, Yamada K, et al. Wavelength division with three-dimensional couplers fabricated by filamentation of femtosecond laser pulses. Optics Letter, 2003, 28: 2491-2493.

[81] Florea C, Winick K A. Fabrication and characterization of photonic devices directly written in glass using femtosecond laser pulses. Lightwave Technology Journal of, 2003, 21: 246-253.

[82] Bricchi E, Mills J D, Kazamsky P G, et al. Birefringent Fresnel zone plates in silica fabricated by femtosecond laser machining. Optics Letter, 2002, 27: 2200-2202.

[83] Vella G D, Taccheo S, Osellame R, et al. 1.5 μm single longitudinal mode waveguide laser fabricated by femtosecond laser writing. Optics Express, 2007, 15: 3190-3194.

[84] Kawamura K, Hirano M, Kurobori T, et al. Femtosecond-laser-encoded distributed-feedback color center laser in lithium fluoride single crystals. Applied Physics Letters, 2004, 84: 311-313.

[85] Qiao L L, He F, Wang C, et al. A microfluidic chip integrated with a microoptical lens fabricated by femtosecond laser micromachining. Applied Physics A, 2011, 102: 179-183.

[86] Liu K Y, Yang Q, Zhao Y L, et al. Three-dimensional metallic microcomponents achieved in fused silica by a femtosecond-laser-based microsolidifying process. Microelectronic Engineering, 2014, 113: 93-97.

[87] Watanabe S, Sugioka K, Meunier M, et al. Laser Precision Microfabrication, Chapter 6 "Laser Nanosurgery, Manupulation, and Transportation of Cells and Tissues". Heidelberg: Springer, 2010.

[88] König K, Riemann I, Fritzsche W. Nanodissection of human chromosomes with near-

infrared femtosecond laser pulses. Optics Letter, 2001, 26: 819 - 822.

[89] Guo S X, Bourgeois F, Chokshi T, et al. Femtosecond laser nanoaxotomy lab-on-achip for in vivo nerve regeneration studies. Nature Methods, 2008, 5: 531 - 533.

[90] Tirlapur U K, König K. Cell biology-targeted transfection by femtosecond laser. Nature, 2002, 418: 290 - 291.

[91] Csaki A, Garwe F, Steinbruck A, et al. A parallel approach for subwavelength molecular surgery using gene-specific positioned metal nanoparticles as laser light antennas. Nano Letters, 2007, 7: 247 - 253.

[92] Juhasz T, Kastis G A, Suarez C, et al. Time-resolved observations of shock waves and cavitation bubbles generated by femtosecond laser pulses in corneal tissue and water. Laser in Surgery & Medicine, 1996, 19: 23 - 31.

[93] Nakamura K, Sora Y, Yoshikawa H Y, et al. Femtosecond laser-induced crystallization of protein in gel medium. Applied Surface Science, 2007, 253: 6425 - 6429.

[94] Kaji T, Ito S, Miyasaka H, et al. Nondestructive micropatterning of living animal cells using focused femtosecond laser-induced impulsive force. Applied Physics Letters, 2007, 91: 023904.

[95] Yamaguchi A, Hosokawa Y, Louit G, et al. Nanoparticle injection to single animal cells using femtosecond laser-induced impulsive force. Applied Physics A, 2008, 93: 39 - 43.

[96] Kuo Y E, Wu C C, Hosokawa Y, et al. Local stimulation of cultured myocyte cells by femtosecond laser-induced stress wave. Applied Physics A, 2010, 101: 597 - 600.

[97] Hosokawa Y, Takabayashi H, Miura S, et al. Nondestructive isolation of single cultured animal cells by femtosecond laser-induced shockwave. Applied Physics A, 2004, 79: 4 - 6.

[98] Dausinger F. Femtosecond pulses for medicine and production technology-overview of a German national project. Proceedings of SPIE, 2002, 4426: 9 - 16.

[99] http://www.amo-inc.com/products/refractive/ilasik/intralase-fs-laser.

[100] Haight R, Wagner A, Longo P, et al. Femtosecond laser ablation and deposition of metal films on transparent substrates with applications in photomask repair. Proceedings of SPIE, 2005, 5714: 24 - 36.

[101] Bauer T H, König J. Applications and perspectives of ultrashort pulsed lasers. Technical Digest of LPM 2010. JSPS, 2010, 127.

[102] Tamaki T, Watanabe W, Itoh K. Laser micro-welding of transparent materials by a localized heat accumulation effect using a femtosecond fiber laser at 1558 nm. Optics Express, 2006, 14: 10460 - 10468.

第 2 章

超快激光技术简介

2.1 超快激光技术

自从激光出现以后[1],人们不断追求脉宽更短、能量更高的激光输出。早在1961年科学家就提出了调Q的概念,即将全部光辐射能量压缩在极短的时间内发射出去[2,3]。1962年,第一台调Q激光器研制成功,其输出峰值功率为600 kW,脉冲宽度为 10^{-7} s量级[4]。随着电光调Q、声光调Q、可饱和吸收调Q等[5]多种调Q技术的出现和发展,激光输出功率不断提升,脉冲宽度也不断缩短。到20世纪80年代,调Q激光器的输出脉宽已经达到纳秒量级,峰值功率可达几百个GW[6]。然而,受产生机制的限制,调Q激光器很难进一步输出更窄的光脉冲。

锁模技术是另一种比调Q技术更为有效地压缩脉宽、提高激光功率的方法。1965年 H. W. Mocker 和 R. Collins 通过对激光谐振腔内多个纵模进行相位锁定,在红宝石中获得了皮秒激光脉冲[7]。随着各种锁模技术(如主动锁模、被动锁模、同步泵浦锁模)的相继提出,超短脉冲技术得到了迅速发展。1981年,R. L. Rork 等提出碰撞锁模理论,并且在染料激光器中实现了碰撞锁模,得到了稳定的90 fs超短脉冲输出[8]。1986年 P. F. Moulton 发明了掺钛蓝宝石激光晶体,它以调谐范围宽、输出功率大、转换效率高、运转方式多等诸多优异特性而备受人们青睐,掺钛蓝宝石晶体已经成为实现飞秒超短脉冲激光器和拍瓦级高功率激光器的核心材料[9]。掺钛蓝宝石激光器也成为固体可调谐激光器中发展最为迅速、最为成熟、最为实用,而且应用也最为广泛的一种激光器。

2.1.1 掺钛蓝宝石激光器

掺钛蓝宝石激光晶体具有波长可调谐、发射带宽宽、发射截面大、热导率高、物化性能优良等特点。它的上能级寿命长3.2 μs,受激发射截面为 10^{-19} cm^2[5],荧光波长覆盖600~1 100 nm的范围,理论上可以支撑2.7 fs的脉冲宽度。此外其覆盖 400～600 nm 光谱的宽带吸收范围和高的吸收效率,非常适合激光泵浦。掺钛蓝宝石晶体具有大的增益截面和不存在高激发态吸收,使得激光的阈值较低,效率很高;并且它具有十分优异的物理特性,热导率和机械强度都很高。

图 2.1 是自锁模掺钛蓝宝石激光振荡器的光路结构图。掺钛蓝宝石晶体端面切成布鲁斯特角,腔长为 1.5～2.0 m。M1 和 M2 是一对共焦的凹面反射镜,M3～M8 为啁啾镜,用于补偿增益介质导致的色散。在不需要其他复杂锁模器件的条件下,激光器通过自锁模可获得 8.2 fs 的脉冲输出[10]。

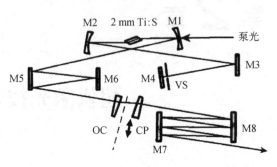

图 2.1　掺钛蓝宝石飞秒振荡器的结构图[10]

2.1.2　啁啾脉冲放大技术

飞秒激光振荡器的输出能量通常为纳焦耳量级,在实际应用中,往往需要将激光脉冲能量进一步放大。然而,超短激光脉冲在增益介质传输时会产生非线性效应,这种效应容易导致增益介质和谐振腔的损坏。在啁啾脉冲放大(chirped pulse amplification,CPA)技术出现以前,人们通常通过扩大光斑、增加介质口径的方式来减小高峰值功率密度造成的破坏。1985 年,G. Mourou 等发明了啁啾脉冲放大技术[11],有效避免了飞秒激光放大中因激光强度快速提升所引起的放大饱和效应和光学元件损伤效应,从而巧妙地解决了限制激光强度提升的问题。

图 2.2 为典型的啁啾脉冲放大技术的原理图,具体实现方法是:在对脉冲进

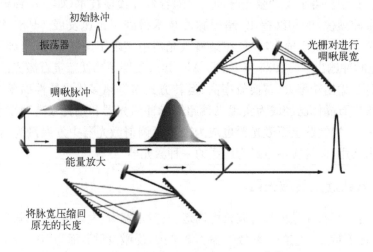

图 2.2　啁啾脉冲放大技术原理图[12]

行能量放大前,先将初始的飞秒脉冲引入一定的色散,将脉冲宽度在时域上展宽至皮秒甚至纳秒量级,从而降低激光脉冲的峰值功率,然后进行能量放大,这样就降低了元件损伤的风险。在激光脉冲经过增益介质获得较高的能量后,再对激光脉冲进行反向色散补偿,从而将激光脉冲压缩至原来的脉冲宽度。

2.1.3 飞秒光纤激光器

与固体飞秒激光器相比,飞秒光纤激光器(图2.3)具有结构紧凑、阈值低、效率高、稳定可靠等优点。这是因为光纤介质细长,易于散热,相同体积下表面积比固体激光介质大2~3个数量级。此外,光纤激光器的激光横模由光纤纤芯直径和数值孔径决定,不会因热变形而变化,易于保持单横模运转,并且光纤的双包层结构也有利于提高转换效率和输出功率[13]。光纤激光器获得超短脉冲通常采用被动锁模技术,即让谐振腔内随机的相邻的纵模模式产生固定的相位关系,从而以一定的频率稳定地输出超短脉冲[14,15]。

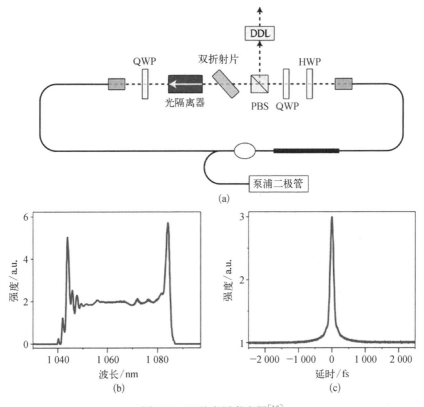

图2.3 飞秒光纤激光器[16]

半导体可饱和吸收镜(semiconductor saturable absorber mirror, SESAM)是一种可饱和吸收体,它具有响应时间较快、结构简单、插入损耗小、自启动锁模且重复频率稳定等优点[17]。SESAM 因饱和吸收损耗可用于纵模相位锁定,其锁模原理是:由于光脉冲的前后沿强度低,吸收不饱和,大部分能量被吸收;而脉冲中心部分强度高,吸收体达到饱和,大部分能量被返回到谐振腔内。光脉冲在腔内振荡过程中前后沿不断被吸收,脉冲宽度不断被压缩,最终形成超短脉冲。除了SESAM 外,近年来还出现了新型的可饱和吸收体,如碳纳米管与石墨烯[18,19],它们也可以通过被动锁模产生超短脉冲。

2.1.4 薄片激光器

传统的块状固体激光器存在的一个普遍问题是散热不均匀,在增益介质中会产生热透镜效应,这不仅限制了激光的输出功率,而且会导致输出激光光束质量下降。此外,晶体内部存在的热应力容易导致晶体的损坏。

1994 年德国斯图加特大学的 Giesen 等提出了薄片激光器的概念[20]。薄片激光器即激光增益介质在激光振荡方向压缩成很薄的圆盘几何形状,厚度一般为几百个微米,直径大约为几十毫米。薄片激光器最大的特点就是表面积与厚度的比值很大,增益介质的前表面镀有对泵浦激光和增益激光的增透膜,后表面镀有对泵浦激光和增益激光的高反膜。增益介质的后表面直接固定在热沉上,采用循环水制冷,有效地冷却增益介质。这种端面散热的方式决定了激光介质产生的热量将通过接触热沉的一面很充分地耗散掉,因而激光介质内产生的温度梯度将与振荡光通光方向一致,理论上讲这种温度梯度不会对振荡激光的光束质量产生任何影响。由于薄片的厚度很小,为了增加对泵浦光的吸收效率,通常泵浦光反射镜采用抛物面镜结构,使泵浦光能多次通过激光增益介质,有利于提高泵浦激光吸收效率。常见的 16 通薄片激光器的结构如图 2.4 所示。

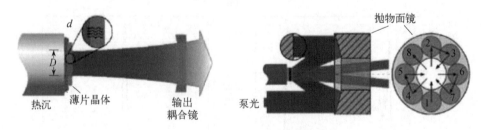

图 2.4　薄片激光器原理和光路图[20]

2.2　飞秒激光脉冲诊断技术

在讨论飞秒激光脉冲时,常常需要知道它的脉冲宽度、脉冲能量和频谱宽度等物理量。飞秒激光脉冲的频谱信息可以通过光谱仪测量,但由于飞秒脉冲宽度极短,目前还没有可以直接测量飞秒脉冲时间特性的仪器。

2.2.1 飞秒脉冲的自相关测量

自相关测量的实质是将时间测量转化为空间测量,其测量的基本过程是:首先把入射光分为两束,其中一束光通过一定的延迟,再跟另一束光合并,然后在倍频晶体中产生和频。通过改变两束光之间的延迟,可得到强度变化的自相关信号[21]。自相关信号可表示为

$$\mathrm{IA}^{(2)}(\tau) \equiv \int_{-\infty}^{\infty} |[E(t)+E(t-\tau)]^2|^2 \mathrm{d}t \tag{2.1}$$

展开积分号中括号内的项,自相关信号可以写为

$$\mathrm{IA}^{(2)}(\tau) \equiv \int_{-\infty}^{\infty} |E^2(t)+E^2(t-\tau)+2E(t)E(t-\tau)|^2 \mathrm{d}t$$

$$= \int_{-\infty}^{\infty} [I^2(t)+I^2(t-\tau)] \mathrm{d}t + 4\int_{-\infty}^{\infty} [I(t)I(t-\tau)] \mathrm{d}t$$

$$+ 2\int_{-\infty}^{\infty} [I(t)+I(t-\tau)]E(t)E^*(t-\tau)\mathrm{d}t + \mathrm{c.c}$$

$$+ 2\int_{-\infty}^{\infty} E^2(t)E^{*2}(t-\tau)\mathrm{d}t + \mathrm{c.c} \tag{2.2}$$

由上式可以看出,若已知脉冲的形状和相位,就可以将上述积分解出,得到有关脉宽的信息。

2.2.2 频率分辨光学开关法

自相关测量只能在一定程度上得到脉冲的时间信息,无法精确知道脉冲的电场形状。由 Daniel J. Kane 和 Rick Trebino 提出的频率分辨光学开关法(frequency-resolved optical gating, FROG),能给出如光谱带宽、脉冲宽度、相位等比较详细的脉冲信息[22,23]。FROG 方法是建立在传统自相关法基础上,将待测脉冲分束后分成两个具有相对时间延迟的脉冲在非线性介质中混合,相互作用产生一个在系列时间段内频率分辨的信号脉冲,用光谱仪将其记录为强度随频率和时间延迟变化的空间图形,称为 FROG 迹,如图 2.5 所示。

输入脉冲用 $E(t)$ 表示,经过分束片分束后的探测脉冲和快门脉冲经过非线性晶体产生的信号可以表示成

$$E_{\mathrm{sig}}(t, \tau) = E(t) \cdot g(t-\tau) \tag{2.3}$$

其中,$g(t-\tau)$ 为门脉冲。FROG 迹的表达式为

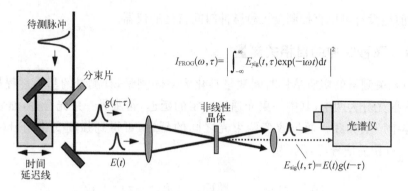

图 2.5　FROG 光路示意图[24]

$$I_{\text{FROG}}(\omega, \tau) = \left| \int_{-\infty}^{\infty} E_{\text{sig}}(t, \tau) \exp(-i\omega t) dt \right|^2$$
$$= \left| \int_{-\infty}^{\infty} f(t) \cdot g(t-\tau) \exp(-i\omega t) dt \right|^2 \quad (2.4)$$

如图 2.6 所示,FROG 算法采用迭代傅里叶变换,具体为:首先猜测待测脉冲的电场,计算得到 FROG 的非线性信号场,将其对时间作傅里叶变换得到信号的频率表示,然后利用频率域约束条件,用测量的 FROG 迹的强度替换信号的强度,再经逆傅里叶变换,得到时域信号,最后利用时间域的约束条件,得到下一次迭代的脉冲电场,重复此过程,直到达到误差收敛的标准。

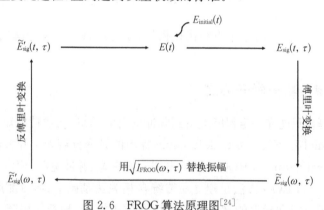

图 2.6　FROG 算法原理图[24]

2.2.3　自参考光谱相位相干电场重建法

频率分辨光学开关法最大的缺陷是计算时间长,因为它需要多次迭代才能找到与测量图形相近的解,不利于实时测量。光谱相位相干电场重建法(spectral phase interferometry for direct electric-field reconstruction, SPIDER)是一种利用自参考干涉技术来测量超短光脉冲相位分布的方法,它测量速度快,可进行实时测量与诊断,并且灵敏度高[25]。

光谱相位相干电场重建法将待测脉冲分成两束,其中一束通过迈克耳孙干涉仪或标准具分成两个时间间隔为 τ 的脉冲,另一束通过脉冲时域展宽器而变成啁啾脉冲,将两束脉冲合束后,再经过非线性晶体频率上转换而变成两个短波长脉冲。由于交叉相关的时间不同,两个信号脉冲对应的啁啾脉冲中的频率不同,因此上转换后的频率也有差别,如图 2.7 所示。这两束脉冲通过光谱仪记录下干涉条纹,经过傅里叶变换等计算,得到待测脉冲的相位。根据由光谱仪测量到的光谱强度信息,就可以得到激光脉冲的电场形状。

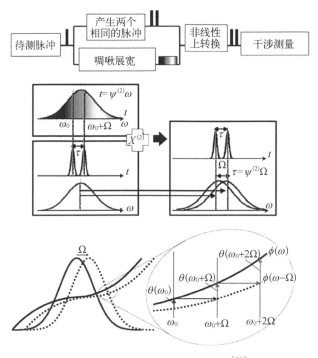

图 2.7 SPIDER 光路及原理图[26]

光谱仪记录的信号是

$$\widetilde{I}_{SP}(\omega) = |\widetilde{E}(\omega) + \widetilde{E}(\omega - \Omega)e^{i\omega\tau}|^2$$

$$= \widetilde{I}(\omega) + \widetilde{I}(\omega - \Omega) + 2\sqrt{\widetilde{I}(\omega)\widetilde{I}(\omega - \Omega)}\cos[\widetilde{\phi}(\omega) - \widetilde{\phi}(\omega - \Omega) + \omega\tau]$$

$$= \widetilde{I}^{dc}(\omega) + \widetilde{I}^{+ac}(\omega)e^{+i\omega\tau} + \widetilde{I}^{-ac}(\omega)e^{-i\omega\tau} \tag{2.5}$$

其中

$$\widetilde{I}^{dc}(\omega) = \widetilde{I}(\omega) + \widetilde{I}(\omega - \Omega) \tag{2.6}$$

$$\widetilde{I}^{\pm ac}(\omega) = \sqrt{\widetilde{I}(\omega)\widetilde{I}(\omega - \Omega)}\, e^{\pm i[\widetilde{\phi}(\omega) - \widetilde{\phi}(\omega - \Omega)]} \tag{2.7}$$

运用光谱相干算法提取相位差 $\varphi(\omega)=\tilde{\phi}(\omega)-\tilde{\phi}(\omega-\Omega)$，首先用傅里叶变换和滤波技术将式(2.5)中的交流分量分离出来，即 $\tilde{\phi}(\omega)-\tilde{\phi}(\omega-\Omega)+\omega\tau$，再把交流部分中的快速变化部分减掉，最后用联结相位差的方法还原相位。

2.3 飞秒激光材料加工技术

飞秒激光加工技术大体可分为两类：飞秒激光直写技术和飞秒激光并行微纳加工技术。飞秒激光直写技术具有良好的灵活性、分辨率和加工质量，尤其适合在透明材料中加工三维微纳结构。但是，由于飞秒激光直写技术是一个顺序加工过程，它的加工效率很低。得益于这些年来高平均功率、高重复频率飞秒激光器的迅猛发展，这个限制已经得到了一定的解决。相比之下，飞秒激光并行微纳加工技术可以获得很高的加工效率，但它的空间分辨率不高，并且无法加工任意构型的三维结构(例如，飞秒激光并行微纳加工技术通常采用多光束干涉方式或微透镜阵列，只能用于加工周期性结构)。飞秒激光直写技术和飞秒激光并行微纳加工技术各有优缺点，具体应用中采用何种加工技术取决于实际需求。

2.3.1 飞秒激光直写技术

典型的飞秒激光直写系统如图 2.8 所示，该系统主要由飞秒激光器、光束控

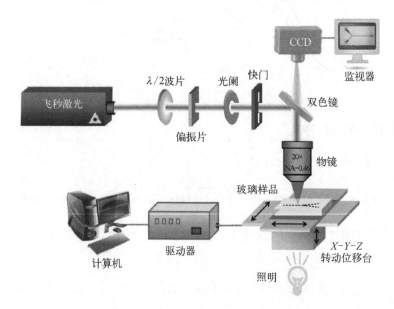

图 2.8 飞秒激光直写技术[27]

制/整形器、显微物镜、高精度三维平移台组成。光束控制/整形器通常包括电光或声光调制器，空间或时间脉冲整形器，可调节衰减片，机械快门等。其中电光或声光调制器用来控制激光脉冲的重复频率（如脉冲选取器）或者用来产生序列脉冲。CCD 安装在显微物镜的上方，以便实时观测激光加工过程。

飞秒激光直写技术的关键光学元件是聚焦透镜，它决定了聚焦光斑的大小，即激光加工的分辨率。由于飞秒激光有很宽的光谱，在聚焦的时候必须尽可能地减小球差和色差，尤其是当需要获得较高的空间分辨率时，通常采用商业显微物镜。显微物镜的加工分辨率取决于它的数值孔径（NA），聚焦光斑的横向直径等于 $1.22\lambda/\text{NA}$，其反比于显微物镜的数值孔径。另外，高数值孔径物镜的工作距离太短，无法深入到基底材料内部进行三维结构加工。对于实际应用来说，我们必须平衡加工分辨率和工作距离两个参数。通常采用数值孔径为 0.5 左右的物镜在玻璃中加工光学波导和微流通道[28]；而采用超高数值孔径物镜（如油浸物镜）进行表面纳米加工和双光子聚合三维纳米加工[29,30]。

飞秒激光直写技术中另一个重要的光学元件是用于控制飞秒激光功率的可调衰减片。为了减少激光的脉宽、能量和光指向性等参数的抖动，在加工过程中激光器输出的光脉冲能量通常保持不变。实验上常采用半波片和偏振片的组合来连续调节激光能量，如果想要进一步增加激光能量调节范围，可以采用中性密度衰减片。

飞秒激光直写技术的缺点是它的加工效率低，这是因为它是一个顺序加工过程。但是，随着高功率、高重复频率、小型化超快激光器的日渐成熟[31,32]，采用这些新型激光器，并且用振镜扫描器代替目前的 XYZ 三维平移台，激光直写的扫描速度可以得到显著提高[33]。

2.3.2 飞秒激光并行微纳加工技术

图 2.9 为典型的飞秒激光并行微纳加工系统[34]。其中，图 2.9(a)采用微透镜阵列技术，它是上节中介绍的飞秒激光直写技术的简单扩展，即将单个焦点变成均匀分布在焦平面上的多个焦点[34,35]。微透镜阵列将准直的飞秒激光光束转换成平面 A 上的焦点阵列。然而由于微透镜的数值孔径很小，平面 A 上的焦斑将会很大。因此，采用透镜 L1 和高数值孔径物镜 OL 将平面 A 上的焦点投影到物镜的焦平面。这种透镜 L1 和物镜 OL 的组合能够获得与一个物镜相当的加工分辨率。图 2.9(b)为采用双光子聚合加工技术得到的一个三维微结构阵列（无支撑的微弹簧），它采用的装置与图 2.9(a)类似。利用微透镜阵列能产生超过 200 个焦点，从而使加工效率提高两个数量级。为了能够在焦点阵列中获得均匀的光强分布，在飞秒激光经过微透镜阵列前通常先将其扩束。最终，该系统获得了 250 nm 的亚衍射极限分辨率[34]。

在以往的实验中，多焦点并行激光加工的主要缺点是它只能用于加工具有周期性的几何结构。最近 Obata 等研发了一种新型的双光子聚合技术，该技术采用

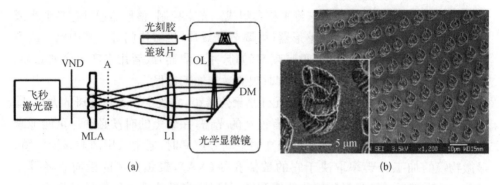

图 2.9 多焦点并行激光直写系统的光路图(a)[34];三维微弹簧阵列(b)[35]

独立控制的相位调制方法,能够对复杂的两维和三维结构(包括对称和非对称结构)进行快速成型[36]。

并行加工也可以通过多束光干涉来实现,该技术有可能比基于微透镜阵列的激光直写技术更加快捷。从原理上来看,它只需单发激光脉冲就能加工出周期性的两维/三维结构。以上两种技术的不同之处在于,基于微透镜阵列的激光直写技术能够在每个单元中加工出任意构型的三维结构,而基于多光束干涉的激光加工技术做不到这一点。图 2.10(a)为典型的基于多光束干涉的并行激光加工的原理图,衍射光学元件(DOE)将入射光束分成五路光束,这五路光束保持严格同步并被透镜 L1 准直,经过相位延时器和衰减片后,再将这五路光束聚焦到样品上[36]。通过调节每一路光束的相位和振幅,能够在样品上形成丰富的两维和三维干涉图样[37,38]。图 2.10(b)展示了采用四光束干涉法在金薄膜上形成的纳米微滴阵列,这些纳米结构的球状部分直径只有 150 nm,而颈部直径只有 36 nm[39]。

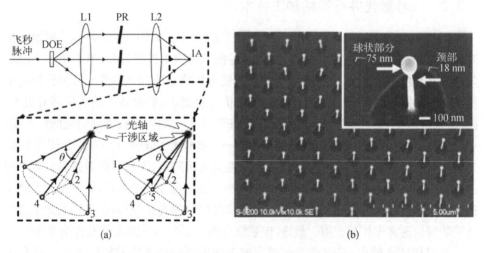

图 2.10 基于多光束干涉的并行激光加工系统的光路图(a)[37];利用四束飞秒激光干涉在金薄膜上加工的纳米微滴阵列(b)[39]

如图 2.11(a)所示，通过利用全息图样(如刻在透明玻璃基底上的图案或经过空间调制器的反射来产生)代替图 2.10(a)中的衍射光学元件，飞秒激光并行微纳加工系统也可用来加工非周期性微结构[40,41]。但是这种技术受到轴向分辨率的限制，这是因为经过全息图样后的再聚焦光束的会聚角度很小。Yamaji 等采用这种技术，并且通过精细地调控焦距和激光脉冲的峰值光强，实现了均匀的、高轴向分辨的三维微加工[图 2.11(b)][41]。作为对比，图中画出了加工相同结构的早先结果，可以看到，早先结果的轴向分辨率要差很多。

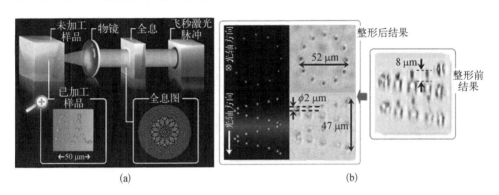

图 2.11　采用全息图样进行并行激光加工的光路图(a)[41]；
利用全息图样加工的三维微结构(b)[41]

2.4　飞秒激光脉冲整形技术

由于飞秒激光脉冲的热效应很低，飞秒激光加工的空间分辨率对焦点的空间分布非常敏感。对飞秒激光脉冲进行整形可实现对聚焦光斑的亚波长量级的操控。另外，飞秒激光的超短脉宽导致其具有很宽的光谱，因此可以在电子响应的时间量级上对飞秒激光脉冲进行时域整形。本节主要讨论脉冲整形的基本概念和实现脉冲整形的典型光学装置和系统。

2.4.1　飞秒激光脉冲的时域整形技术

如图 2.12(a)所示，飞秒激光脉冲的时域整形常通过频率域上的振幅与相位调控来实现。典型的飞秒激光脉冲时域整形光路包括一个光栅对和一个聚焦透镜对，它们采用 4f 系统实现零色散[42,43]。脉冲整形掩膜(如空间光调制器、可变形镜或声光调制器)放在透镜对的傅里叶面上以调节激光光谱的相位和振幅。该装置可以产生几乎任意形状的激光脉冲，它的分辨率只受激光脉冲的光谱宽度限制。通过改变激光的脉冲形状，从而控制激光与材料作用中的光电离和电子碰撞电离过程[44]。通常对于复杂的非线性作用过程,人们很难从理论上预言对相互作用效果最佳的脉冲时域形状。在这种情况下,可在脉冲整形器中加入自适应环,根据实际的需求来主动优化脉冲的时域特性。图2.12(b)为傅里叶变换极限的飞秒激光脉冲在经过时域整形后得到振幅相同、间隔为300 fs的三脉冲,利用这种三脉冲在熔石英内获得了低表面粗糙度且仅有少量裂纹的微通道。如果我们进一步将脉冲间隔增加至1 ps,加工质量变差[45]。经过时域整形的非对称脉冲链在熔石英中可以获得纳米量级(直径约为100 nm)的加工精度[44]。

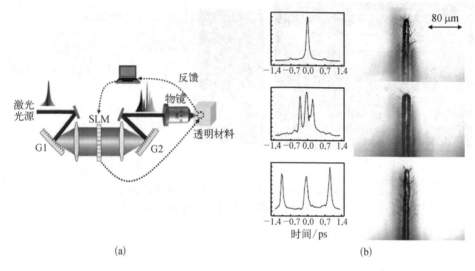

图2.12 飞秒激光脉冲的时域整形技术[42-44]

2.4.2 飞秒激光脉冲的空间整形技术

广义上来说,空间整形是指从空间上改变入射激光的相位或振幅。因此,2.3.2节中介绍的技术都属于空间整形技术,常见的空间整形技术还包括将高斯光束转换成贝塞尔光束[46,47]。在本节中,我们主要介绍用来提高激光直写的光学分辨率(如操控聚焦光斑)的空间整形技术。在传统的平面光刻中,特征长度只取决于横向分辨率,而飞秒激光三维直写技术中的三个维度的空间分辨率都很重要。然而,采用物镜聚焦得到的焦斑并不是对称分布的,它在激光的传播方向被拉长,导致横向分辨率和纵向分辨率之间相差很大。

为了解决这个问题,人们发展了多种光束整形技术[48-52],常见的方法是采用柱透镜对[47]或在物镜前放置一个狭缝[48]来平衡横向分辨率和纵向分辨率。狭缝整形技术由于简便、高效,在激光直写波导和加工微流体通道中获得了极大的应用[49-52]。图 2.13 为采用柱透镜对进行空间整形的光路示意图。

2.4.3 飞秒激光脉冲的时空整形技术

时空整形技术最初是由研究生物成像的科学家发明的[53,54]，近年来该技术也被逐渐应用于三维飞秒激光加工领域[55-59]。图 2.14(a)为典型的飞秒激光脉冲时空整形光路图。入射的飞秒脉冲在进入聚焦透镜前被一对平行光栅对进行空间展宽。该技术能在时域上聚焦的原理是：经过光栅对后激光产生了空间色散，不同频率分量的光在空间上分开，在经过透镜聚焦后，不同频率分量的光只在焦点处重合，因此只有在焦点附近，激光的脉宽才变短，峰值光强变高。远离几何焦点时，激光的脉宽变宽，峰值光强将迅速下降[55-57]。时空整形技术极大地提高飞秒激光加工的轴向分辨

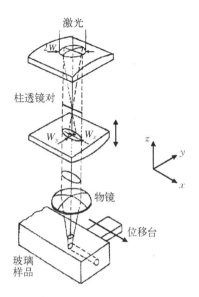

图 2.13 飞秒激光脉冲的空间整形技术[48]

率，同时也抑制了传输中的非线性效应（如成丝和自聚焦），使得利用低数值孔径聚焦透镜在厚样品中的三维结构加工成为可能。图 2.14(b)为飞秒激光在 6 mm 厚的熔石英中产生的光丝。在这种情况下，要想在轴向进行三维结构加工是不可能的。更有意思的是，采用时空整形技术，可以在玻璃基底的底部形成极小的三维聚焦光斑，如图 2.14(c)所示，这种独特的性质对在厚基底中加工大型尺度三维微结构有很大的应用潜力[58]。

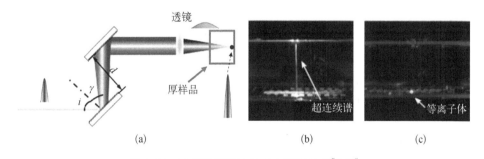

图 2.14 飞秒激光脉冲的时空整形技术[55,58]

2.4.4 飞秒激光脉冲的偏振整形

近年来，对飞秒激光脉冲进行偏振整形已逐渐成为研究热点。Kazansky 等发现当飞秒激光照射到掺镉的熔石英玻璃上时，它散射出的光呈现出各向异性[60]。

Sudrie 等观察到被飞秒激光照射过的熔石英具有永久的双折射[61]。随着研究的逐渐深入,人们发现这些宏观的双折射现象源自在透明材料内部形成的类纳米光栅的永久性结构,这些光栅的排布方向垂直于写入激光的偏振方向[62,63]。这种亚波长量级的纳米结构可用来加工微流体结构和偏振敏感的光学元件[64-67]。

图 2.15(a)为双光束交叉偏振飞秒激光直写系统的光路图,入射激光经过偏振分束器后分成两束偏振相互垂直的光。通过改变两束光之间的延时,可以连续地改变样品里产生的光刻结构的双折射的方位角,结果如图 2.15(b)所示[67]。

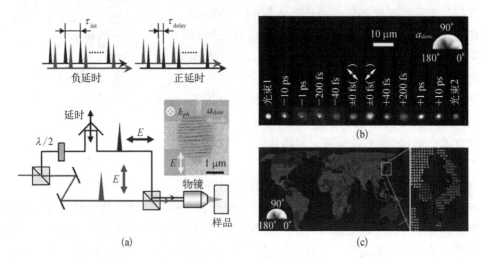

图 2.15 双光束交叉偏振飞秒激光直写技术[67](后附彩图)

参 考 文 献

[1] Maiman T H. Stimulated optical radiation in ruby. Nature, 1960, 187: 493.

[2] Hellwarth R W. Advances in Quantum Electronics. New York: Columbia University Press, 1961: 334.

[3] Hellwarth R W. Theory of the pulsation of fluorescent light from ruby. Physical Review Letters, 1961, 6: 9.

[4] McClung F J, Hellwarth R W. Giant optical pulsations from ruby. Journal of Applied Physics, 1962, 33: 828.

[5] Koechner W. Solid-state Laser Engineering. New York: Springer, 2006.

[6] Berry A J, Hanna D C, Sawyers C G. High power, single frequency operation of a Q-switched TEM_{00} mode Nd:YAG laser. Optics Communication, 1981, 40(1): 54.

[7] Mocker H W, Collins R. Mode competition and self-locking effects in a Q-switched ruby laser. Applied Physics Letters, 1965, 7(10): 270.

[8] Fork R, Greene B, Shank C. Generation of optical pulses shorter than 0.1 psec by colliding pulse mode locking. Applied Physics Letters, 1981, 38: 671.

[9] Moulton P F. Spectroscopic and laser characteristics of Ti:Al_2O_3. Journal of the Optical Society of America B, 1986, 3(1): 125.

[10] Stingl A, Lenzner M, Spielmann C, et al. Sub-10fs mirror-dispersion-controlled Ti: sapphire laser, Optics Letters. 1995, 20(6): 602.

[11] Strickland D, Mourou G. Compression of amplified chirped optical pulses. Optics Communication, 1985, 56: 219.

[12] Diagram showing process of chirped pulse amplification of ultrahigh-intensity lasers. https://www.llnl.gov/str/pdfs/09_95.2.pdf.

[13] Agrawal G P. Nonlinear Fibre Optics. New York: Academic Press, 2007.

[14] Zervas M N. High power fiber lasers: a review, IEEE Journal of Selected Topics in Quantum Electronics. 2014, 20(5): 0904123.

[15] Byun H, Sander M Y, Motamedi A, et al. Compact, stable 1 GHz femtosecond Er-doped fiber lasers. Applied Optics, 2010, 49: 5577.

[16] Xu C, Wise F W. Recent advances in fibre lasers for nonlinear microscopy. Nature Photonics, 2013, 7: 875-882.

[17] Okhotnikov O, Grudinin A, Pessa M. Ultra-fast fibre laser systems based on SESAM technology: new horizons and applications. New Journal of Physics, 2004, 6: 177.

[18] Choi S Y, Rotermund F, Jung H, et al. Femtosecond mode-locked fiber laser employing a hollow optical fiber filled with carbon nanotube dispersion as saturable absorber. Optics Express, 2009, 17(24): 21788.

[19] Xu J, Liu J, Wu S, et al. Graphene oxide mode-locked femtosecond erbium-doped fiber lasers. Optics Express, 2012, 20(14): 15474.

[20] Giesen A, Hugel H, Voss A, et al. Scalable concept for diode-pumped high-power solid-state lasers. Applied Physics B, 1994, 58: 363.

[21] Walmsley Ian A, Dorrer C. Characterization of ultrashort electromagnetic pulses. Advances in Optics and Photonics, 2009, 1(2): 308.

[22] Trebino R, Kane D J. Using phase retrieval to measure the intensity and phase of ultrashort pulses: frequency-resolved optical gating. Journal of the Optical Society America A, 1993, 10(5): 1101.

[23] Trebino R, Delong K W, Fittinghoff D N, et al. Measuring ultrashort laser pulses in the time-frequency domain using frequency-resolved optical gating. Review of Scientific Instruments, 1997, 68: 3277-3295.

[24] Trebino R. Frequency-resolved Optical Gating: The Measurement of Ultrashort Laser Pulses. New York: Springer, 2002.

[25] Iaconis C, Walmsley I A. Spectral phase interferometry for direct electric-field reconstruction of ultrashort optical pulses. Optics Letters, 1998, 23(10): 792-794.

[26] Wyatt A S. Spectral Interferometry for the Complete Characterization of Near Infrared Femtosecond and Extreme Ultraviolet Attosecond Pulse. Oxford: Wolfson College, 2007.

[27] Sugioka K, Cheng Y. A tutorial on optics for ultrafast laser materials processing: basic microprocessing system to beam shaping and advanced focusing methods. Advanced Optical Technologies, 2012, 1: 353-364.

[28] Sugioka K, Cheng Y, Midorikawa K. Three-dimensional micromachining of glass using femtosecond laser for lab-on-a-chip device manufacture. Applied Physics A, 2005, 81: 1-10.

[29] Straub M, Afshar M, Feili D, et al. Periodic nanostructures on Si(100) surfaces generated by high-repetition rate sub-15 fs pulsed near-infrared laser light. Optics Letters, 2012, 37: 190-192.

[30] Li L, Fourkas J T. Multiphoton polymerization. Materials Today, 2007, 10: 30-37.

[31] Marchese S V, Baer C R, Engqvist A G, et al. Femtosecond thin disk laser oscillator with pulse energy beyond the 10-microjoule level. Optics Express, 2008, 16: 6397-6407.

[32] Kleinbauer J, Eckert D, Weiler S, et al. 80 W ultrafast CPA-free disk laser. Proceeding of SPIE, 2008, 6871: 68711B.

[33] Mielke M, Gaudiosi D, Kim K, et al. Ultrafast fiber laser platform for advanced materials processing. Journal of Laser Micro/Nanoengineering, 2010, 5: 53-58.

[34] Matsuo S, Miyamoto T, Tomita T, et al. Applications of a microlens array and a photomask to the laser microfabrication of a periodic photopolymer rod array. Applied Optics, 2007, 46: 8264-8267.

[35] Kato J, Takeyasu N, Adachi Y, et al. Multiple-spot parallel processing for laser micronanofabrication. Applied Physics Letters, 2005, 86: 044102.

[36] Obata K, Koch J, Hinze U, et al. Multi-focus two-photon polymerization technique based on individually controlled phase modulation. Optics Express, 2010, 18: 17193-17200.

[37] Kondo T, Juodkazis S, Mizeikis V, et al. Fabrication of three-dimensional periodic microstructures in photoresist SU-8 by phase-controlled holographic lithography. New Journal of Physics, 2006, 8: 250.

[38] Seet K K, Jarutis V, Juodkazis S, et al. Nanofabrication by direct laser writing and holography. Proceeding of SPIE, 2005, 6050: 60500S.

[39] Nakata Y, Miyanaga N, Okada T. Effect of pulse width and fluence of femtosecond laser on the size of nanobump array. Applied Surface Science, 2007, 253: 6555-6557.

[40] Hasegawa S, Hayasaki Y, Nishida N. Holographic femtosecond laser processing with multiplexed phase Fresnel lenses. Optics Letters, 2006, 31: 1705-1707.

[41] Yamaji M, Kawashima H, Suzuki J, et al. Homogeneous and elongation-free 3D microfabrication by a femtosecond laser pulse and hologram. Journal of Applied Physics, 2012, 111: 083107.

[42] Weiner A M. Femtosecond pulse shaping using spatial light modulators. Review of Scientific Instruments, 2000, 71: 1929-1960.

[43] Stoian R. Optimizing laser-induced refractive index changes in optical glasses via spatial and

temporal adaptive beam engineering. Topics of Applied Physics, 2012, 123: 67 - 91.

[44] Englert L, Rethfeld B, Haag L, et al. Control of ionization processes in high band gap materials via tailored femtosecond pulses. Optics Express, 2007, 15: 17855 - 17862.

[45] Stoian R, Boyle M, Thoss A, et al. Laser ablation of dielectrics with temporally shaped femtosecond pulses. Applied Physics Letters, 2002, 80: 353 - 355.

[46] Bhuyan M K, Courvoisier F, Lacourt P A, et al. High aspect ratio taper-free microchannel fabrication using femtosecond Bessel beams. Optics Express, 2010, 18: 566 - 574.

[47] Luo D, Sun X W, Dai H T, et al. Electrically tunable lasing from a dye-doped two-dimensional hexagonal photonic crystal made of holographic polymer-dispersed liquid crystals. Applied Physics Letters, 2010, 97: 081101.

[48] Osellame R, Taccheo S, Marangoni M, et al. Femtosecond writing of active optical waveguides with astigmatically shaped beams. Journal of the Optical Society of America B, 2003, 20: 1559 - 1567.

[49] Cheng Y, Sugioka K, Midorikawa K, et al. Control of the cross-sectional shape of a hollow microchannel embedded in photostructurable glass by use of a femtosecond laser. Optics Letters, 2003, 28: 55 - 57.

[50] Ams M, Marshall G D, Spence D J, et al. Slit beam shaping method for femtosecond laser direct-write fabrication of symmetric waveguides in bulk glasses. Optics Express, 2005, 13: 5676 - 5681.

[51] Sowa S, Watanabe W, Tamaki T, et al. Symmetric waveguides in poly (methyl methacrylate) fabricated by femtosecond laser pulses. Optics Express, 2006, 14: 291 - 297.

[52] Sugioka K, Cheng Y, Midorikawa K, et al. Femtosecond laser microprocessing with three-dimensionally isotropic spatial resolution using crossed-beam irradiation. Optics Letters, 2006, 31: 208 - 210.

[53] Zhu G, van Howe J, Durst M, et al. Simultaneous spatial and temporal focusing of femtosecond pulses. Optics Express, 2005, 13: 2153 - 2159.

[54] Oron D, Tal E, Silberberg Y. Scanningless depth-resolved microscopy. Optics Express, 2005, 13: 1468 - 1476.

[55] He F, Xu H, Cheng Y, et al. Fabrication of microfluidic channels with a circular cross section using spatiotemporally focused femtosecond laser pulses. Optics Letters, 2010, 35: 1106 - 1108.

[56] He F, Cheng Y, Lin J T, et al. Independent control of aspect ratios in the axial and lateral cross sections of a focal spot for three-dimensional femtosecond laser micromachining. New Journal of Physics, 2011, 13: 083014.

[57] Durfee C G, Greco M, Block E, et al. Intuitive analysis of space-time focusing with double-ABCD calculation. Optics Express, 2012, 20: 14244 - 14259.

[58] Vitek D N, Adams D E, Johnson A, et al. Temporally focused femtosecond laser pulses for low numerical aperture micromachining through optically transparent materials. Optics

Express, 2010, 18: 18086 – 18094.

[59] Kim D, So P T C. High-throughput three-dimensional lithographic microfabrication. Optics Letters, 2010, 35: 1602 – 1604.

[60] Kazansky P G, Inouye H, Mitsuyu T, et al. Anomalous anisotropic light scattering in Ge-doped silica glass. Physical Review Letters, 1999, 82: 2199 – 2202.

[61] Sudrie L, Franco M, Prade B, et al. Writing of permanent birefringentmicrolayers in bulk fused silica with femtosecond laser pulses. Optics Communications, 1999, 171: 279 – 284.

[62] Shimotsuma Y, Kazansky P G, Qiu J, et al. Self-organized nanogratings in glass irradiated by ultrashort light pulses. Physical Review Letters, 2003, 91: 247405.

[63] Bhardwaj V R, Simova E, Rajeev P P, et al. Optically produced arrays of planar nanostructures inside fused silica. Physical Review Letters, 2006, 96: 057404.

[64] Hnatovsky C, Taylor R, Simova E, et al. Polarization-selective etching in femtosecond laser-assisted microfluidic channel fabrication in fused silica. Optics Letters, 2005, 30: 1867 – 1869.

[65] Beresna M, Gecevičius M, Kazansky P G. Polarization sensitive elements fabricated by femtosecond laser nanostructuring of glass. Optical Materials Express, 2011, 1: 783 – 795.

[66] Huang M, Zhao F L, Cheng Y, et al. Large area uniform nanostructures fabricated by direct femtosecond laser ablation. Optics Express, 2008, 16: 19354 – 19365.

[67] Shimotsuma Y, Sakakura M, Kazansky P G, et al. Ultrafast manipulation of self-assembled form birefringence in glass. Advanced Materials, 2010, 22: 4039 – 4043.

第 3 章

超快激光脉冲时空整形

飞秒激光凭借其极低的热作用影响、可突破衍射极限的加工精度和对透明材料的三维加工能力等独特优势,已在微纳加工领域得到广泛应用,但为了实现激光加工的高效率、高精度指标,需要对激光进行空域整形和时域整形。空域整形技术主要是基于折射原理、衍射原理或偏振原理的整形技术,时域整形技术主要包括脉冲压缩技术和脉冲序列控制技术。近年来,还出现一项极具吸引力的新技术——"时空聚焦",与传统聚焦方案相比,该技术的优势体现在仅使用单个物镜就能实现三维各向同性分辨率,还能实现快速无扫描三维光刻加工。

本章先从飞秒脉冲整形的基本元件入手,介绍脉冲时域特性优化方案及其在材料处理中的应用;然后归纳空间整形技术对飞秒激光直写形貌控制、加工效率提升以及自适应控制等方面的应用;接着总结飞秒脉冲时空聚焦用于材料加工的新原理和新现象,最后还列举了若干特殊光束加工在材料处理中的应用,如无衍射光束、偏振特性操控、飞秒激光超分辨加工等。

3.1 飞秒脉冲时域整形

3.1.1 飞秒脉冲整形简介

广义上讲,任何改变飞秒激光脉冲时域形状的操作都属于飞秒脉冲整形研究的范畴,而实际上飞秒激光脉冲整形是通过改变其频谱相位分布和频谱强度实现的。从傅里叶频谱分析的角度出发,可以将飞秒激光脉冲看成是一段光谱范围内的无数个单色激光的相干叠加,每个单色光拥有不同的初相位,每个单色光的光场幅度和相位共同决定了该飞秒激光脉冲的时域形状和相位分布。当这些单色光分量的初相位关于频率呈线性分布的时候,激光脉冲宽度最窄,即为傅里叶变换极限脉冲，这也是锁模的基本原理。飞秒激光脉冲整形的具体操作往往是通过适当的方法对飞秒激光的各个光谱分量引入不同的相位延迟来实现的，根据具体的实现形式，飞秒激光脉冲整形方式可以分为被动和主动两大类。被动式技术通常是基于棱镜对、光栅对、啁啾镜和它们的组合，这些元件的光学性质是固定不变的，不同阶次的相位是互相独立的，因此每个元件进行相位补偿的能力有限，对于任意相位分布，很难实现完全的相位补偿。主动式技术中比较有代表性的有基于声光可编程色散滤波器(acousto-optic programmable dispersive filter，AOPDF)、机械式可变形镜(deformable mirror，DM)和液晶空间光调制器(LC-SLM)的飞秒激光脉冲整形系统，它们均通过计算机程序控制实现动态或自适应脉冲整形。

1. 被动式

1) 棱镜对

超短脉冲激光的频谱具有一定的带宽，当脉冲通过正色散材料时，由于材料的折射率与频率相关，脉冲会被展宽。为了维持脉冲形状和宽度，需要构建一个负色散系统，对脉冲进行色散补偿，反之亦然。1984 年，Fork 等分析了棱镜对的色散补偿作用，并且将棱镜对作为色散补偿元件插入激光腔中成功实现了对激光脉冲的色散补偿[1]。棱镜对由于构成简单、使用灵活、损耗小、色散可调节等优点，获得了非常广泛的应用。棱镜对的结构如图 3.1 所示。当脉冲通过第一个棱镜时，棱镜将不同波长的光以不同的角度折射出去，再进入到第二个棱镜。由于短波长的光比长波长的光折射角度大，这样腔内光脉冲中不同波长的光对应着不同的行进光程，短波长的光经过光程更小。使用棱镜对是一种最简单、可调谐和低损耗散射补偿。通过调节棱镜对的相对几何结构，色散可从负值被连续调节为正值。

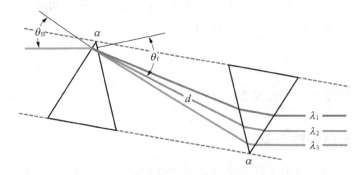

图 3.1　棱镜对用作脉冲色散补偿原理示意图

2) 光栅对

早在 1969 年，E. Treacy 等就提出用光栅对作为色散延迟线，提供负色散，用来压缩啁啾脉冲或使不带啁啾的短脉冲产生啁啾[2]。光栅对的结构通常由平行放置的两片光栅组成，在入射角一定时，衍射光的衍射角依波长而改变。通常，光栅对提供负的群延迟色散,可被用来补偿脉冲中来自材料的正啁啾,从而进行脉冲压缩。由于历史的原因,这样的平行光栅对被称为脉冲压缩器。1983 年 C. Froehly 等采用在光栅对之间放入一对焦距相同的透镜,使用图 3.2 所示装置固定的掩膜对皮秒脉冲进行整形[3]。由于各个元件的距离均等于透镜焦距 f,该装置被称为 $4f$ 系统,如图 3.2 所示。由于各波长间没有光程差(只有像差),该装置被看成是无色散的。1987 年,该装置被 O. E. Martinez 等利用,通过改变光栅和透镜的距离来引入色散,形成了如图 3.2 所示的脉冲的展宽器和压缩器,现在被广泛用于啁啾脉冲放大系统[4]。如果出射光栅与透镜的距离缩短,放在焦平面内,则可以提供正色散,如果入射光栅也放在焦平面内,就可以形成对称结构。由于通过单次展宽,光束是发散的,所以通常采用偶数次展宽的方法,如果用一个平面镜折返,则可省去一对光栅。

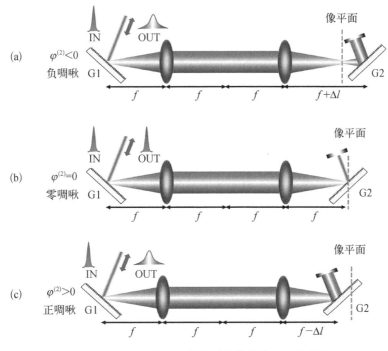

图 3.2　光栅-透镜对用作脉冲色散补偿原理示意图

3) 啁啾镜

早在 20 世纪 60 年代早期,人们就已经对多层介质膜的频率依赖相位延迟效应进行了相应的研究。到了 80 年代,飞秒激光技术的产生使得人们对多层介质膜的色散研究重新产生了兴趣。1994 年,R. Szipöcs 和 F. Krausz 等首次提出了啁啾反射镜的概念[5],即把更多不同中心波长的反射膜叠加在一起,形成"多膜系反射镜"。啁啾镜的原理是,特定中心波长的波包被相应的四分之一膜系最有效地反射,如果将厚度渐增的多层介质膜沉积在基片上制作成反射镜,长波成分透入介质膜结构的深度会更深,再被相应的膜系反射。这样一来长波波包经历更多的群延迟,由此产生负色散。图3.3所示为啁啾镜的原理示意图。从原理上讲,啁啾镜可以同时补偿材料的二阶色散以及任意阶的高阶色散。啁啾镜一旦设计制造,它的色散就不能改变。它只能提供离散的色散补偿。通常将棱镜对与啁啾镜结合使用。啁啾镜使人们能够研制出结构更为紧凑、性能更为稳定、使用更方便的飞秒激光器和放大系统。

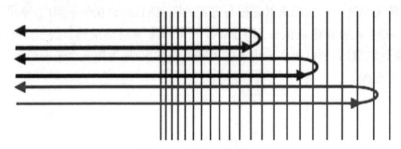

图3.3　啁啾镜原理示意图

2. 主动式

1）可变形镜

可变形镜[6]是一种利用电致伸缩效应的低损耗、高集成度的相位整形器件。其基本结构如图3.4所示,它的典型元件是一块以PCB板为衬底的硅片,硅片上为镀金的氮化硅反光膜,硅片下有驱动电极阵列。当驱动电极加上控制电压后,电极与膜之间产生静电吸引,从而改变反光膜的形状。膜面的变形量由控制电压决定。每个驱动电极对膜面的变形都有影响,膜面的整体形状可以看成是所有驱动电极变化函数的线性组合。反射镜的形变提供所需要的光程差,实现相应的相位调制。因为变形镜是不透明的,整形系统采用折叠式$4f$系统。相位的变化量$\Delta\varphi$和位移变化量ΔZ之间的依赖关系是连续的,所以波形的调制是连续变化的,效率较高。但是它存在笨重、相位标定、空间分辨率和相位分辨率低,光的偏转损耗高等缺点。此外,由于有效像素数相对较小,它的应用也受到限制。

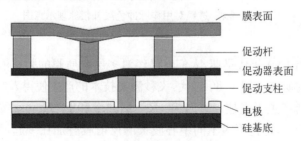

图3.4　可变形镜结构原理示意图

2) 声光可编程色散滤波器

声光可编程色散滤波器(AOPDF)是一种特殊的共线光束声光调制器,可以在很大范围内进行色散补偿。AOPDF[7]是目前唯一可以直接在时域进行脉冲整形的可编程器件,可以同时实现振幅整形和相位整形。基本原理是利用声波频率随时间变化的性质,控制声光作用中衍射声波的调制使光波产生任意群速延迟,从而实现频域相位调制作用,如图3.5所示。同时,衍射光波的光谱振幅也和声波的强度相关。

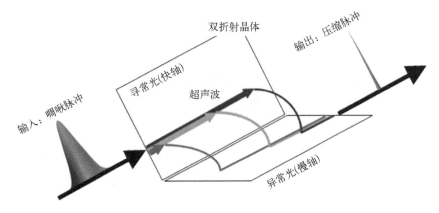

图 3.5　声光可编程色散滤波器结构原理示意图

目前,AOPDF主要用于CPA系统,可以起到三个作用:放在放大系统前,通过振幅调制抑制增益窄化;补偿放大系统中的剩余色散;给不同频率成分加不同延迟,使它们在时域上分开,从而产生多脉冲。但是AOPDF存在很多缺点:本身存在很大材料色散、带宽有限、衍射效率很低。因此,在实际应用中,AOPDF常作为抑制增益窄化效应的器件,而不作为纯粹的相位补偿器件。

3) 液晶空间光调制器

液晶空间光调制器是一种对光波的光场分布进行调制的元件,广泛地应用于光信息处理、光束变换、输出显示等诸多应用领域。其主要是基于透射或反射类型的液晶微显示技术,通过液晶分子的旋光偏振性和双折射性来实现入射光束的波面振幅和相位的调制,可作为动态光学元件,实时地调制光强和相位的空间分布[8]。液晶空间光调制器(liquid crystal spatial light modulator, LC-SLM)首先是被A. M. Weiner等用来进行脉冲整形的,采用4f脉冲整形系统,由于其可调光谱范围宽、实验中无须移动光路等优点,在飞秒脉冲整形中显示出巨大的优势。

飞秒脉冲整形的基本原理是频域和时域是互为傅里叶变换的,所需要的输出波形可由滤波实现。图3.6是脉冲整形的基本装置,它是由衍射光栅、透镜和脉冲整形模板组成的4f系统。超短激光脉冲照射到光栅和透镜上被色散成各个光频成分。在两透镜的中间位置上插入一块空间模式的模板或可编程的空间光调制

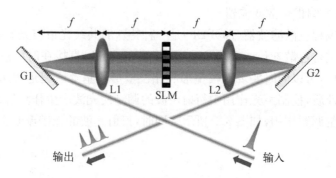

图 3.6 4f 脉冲整形系统原理示意图

器,目的是调制空间色散的各光频成分的振幅和相位,光栅和透镜看作是零色散脉冲压缩结构。超短脉冲中的各光频成分由第一个衍射光栅角色散,然后在第一个透镜的焦平面聚焦成一个小的、衍射有限的光斑。这里的各光频成分在一维方向上空间分离,在光栅上从不同角度散开,在第一个透镜的后焦平面上进行了空间分离,第一个透镜实现了一次傅里叶变换。第二个透镜和光栅把这些分离的所有频率成分重新组合,这样就得到了一个整形输出脉冲,这个输出脉冲的形状由光谱面上模板的模式给出。

LC-SLM 脉冲整形系统的最大缺点是整形系统中光栅的使用大大增加了整个系统的损耗。为了容纳更宽的波长范围,往往采用密度较小的光栅;而密度小的光栅的衍射效率很低。实验表明,使用 150 线对/mm 的光栅的 4f 系统的透过率只有 10% 左右。

3.1.2 双/多脉冲加工

双脉冲或多脉冲加工是一种最简单的时域脉冲整形技术,它可以由一种类似干涉仪的光路产生,如图 3.7 所示。两个脉冲之间的延时可以通过平移两个光学臂之一中的反射镜来实现。目前已有许多使用飞秒双脉冲对硅、钛、铝、铜、不锈钢以及宽带介质材料进行加工的报道[9-11]。在这些报道中主要观察到的是关于第二个脉冲与由第一个脉冲产生的等离子体之间的相互作用的一些现象。等离子体对第二个脉冲的影响主要有如下两个方面:一是增强材料对第二个脉冲的吸收,从而增强激光烧蚀作用;二是通过等离子体的高反射率阻止第二个脉冲的进入,从而减小激光烧蚀作用。一般而言,这两种效应之间的平衡取决于针对每种材料的不同的激光脉冲参数。因此,双脉冲加工的最优参数需要反复多次尝试才能获取。此外,多脉冲或脉冲串的产生还可以通过控制飞秒激光器腔内的脉冲触发模式来实现[12]。双脉冲和多脉冲飞秒激光加工在高质量钻孔[12]、玻璃焊接[13]等领域均具有广泛应用。

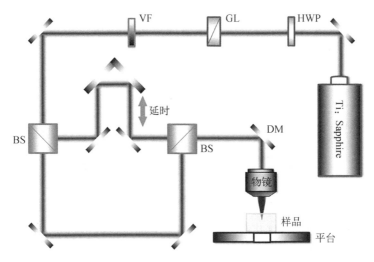

图 3.7 双脉冲飞秒激光微加工系统原理示意图

通过脉冲整形器还可以很容易地实现对脉冲时域形貌的控制,从而可以对脉冲形貌与材料响应之间的关系进行系统研究。例如,当分别用双脉冲或三脉冲对透明介质或半导体材料进行处理时,人们发现第一个脉冲及随后的增强吸收作用边缘烧蚀效应会导致一系列载流子的产生与捕获、电子-声子耦合以及局部加热等作用过程,通过适当控制这些过程可以显著提高激光加工质量[14,15]。脉冲时域整形还可以优化飞秒激光诱导的折射率改变和微损伤结构的轴向尺寸[16]。通过对激光材料加工进行原位观测并对脉冲形貌进行自适应优化也能显著提高激光加工的质量[17]。

有结果表明,时域不对称脉冲可以在介质材料表面诱导出特征尺寸小于衍射极限的纳米结构,如图 3.7 所示。这是由于脉冲形状会影响光电离和碰撞电离之间的平衡,从而进一步影响局部电子的产生[18,19]。例如,对飞秒脉冲在介质中的群速色散进行适当补偿,可以显著提高加工质量;通过对飞秒脉冲引入正的或负的三阶啁啾,可以在材料表面产生所需的纳米结构。

3.1.3 脉冲时域自适应控制

如前文所述,脉冲整形器将在脉冲形貌控制以及对材料激发的有效控制中扮演重要角色。当使用超短脉冲对材料进行辐照时,通常可以使用两种模式对脉冲的时域形貌进行控制:一种模式是以所需脉冲本身为目标进行优化;另一种模式是以材料对脉冲的响应为目标进行优化。在材料加工中,对给定谱型的脉冲进行优化从而获得最短的脉宽是十分重要的。通常这类装置由 $4f$ 脉冲整形器和分束反馈系统组成,并通过程序控制的优化算法对空间光调制器进行迭代计算和优化输出,最终获取目标形状脉冲[20-23],如图 3.8 所示。

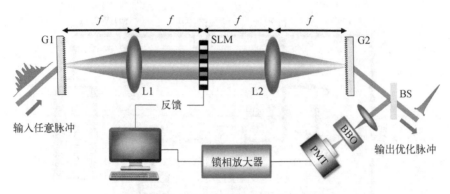

图 3.8　自适应脉冲控制装置原理示意图

在对材料的响应进行优化时,首先需要测量加工材料对脉冲的响应,然后依据测量结果对脉冲形状进行优化,最终获取最优性能的激光处理结果。一个典型的飞秒激光反馈控制加工系统通常由飞秒激光器、脉冲整形器、光电倍增管(PMT)、计算机以及反馈优化程序组成。使用类似的装置通过测量等离子体荧光信号实现了对激光烧蚀硅材料,激光诱导 Ar 气、Xe 气电离和激光在水、空气中诱导成丝等过程的优化控制[24-27]。通过测量激光在石英玻璃中诱导透明微结构的相衬图像,对脉冲形貌进行优化,最终获取激光加工最小轴向特征尺寸,从而提高了加工分辨率,如图 3.9

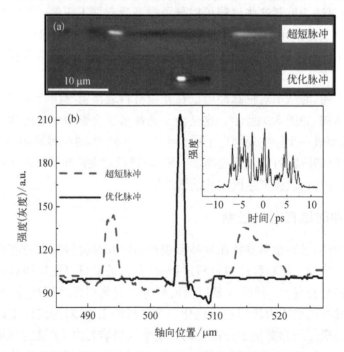

图 3.9　原始超短脉冲(SP)和自适应优化脉冲(OP)石英玻璃内部诱导的微结构光学显微图像(a);对应(a)中的纵向截面不同位置折射率系数的改变(b)[28]

所示。此外,脉冲自适应控制还可用于搜寻合适的激光加工参数从而能在最大区域范围内实现飞秒激光诱导 BK7 玻璃中的折射率改变,优化结果显示所需脉冲形状的包络为几个皮秒,而这一包络下又有众多的飞秒条纹组成[28,29]。由此可见,脉冲自适应控制是搜寻合适脉冲参数从而制备最优微纳结构的有效方法。

3.2 飞秒光束空间整形

3.2.1 激光直写截面控制

在飞秒激光三维微纳加工装置中,激光束一般由显微物镜紧聚焦。假设入射激光束的光强具有高斯分布,则根据计算,焦点区域的光强分布为

$$I_c = \frac{1}{[1+(z^2/z_0^2)]} \exp\left[\frac{-2(x^2+y^2)}{w_0^2(1+z^2/z_0^2)}\right] \quad (3.1)$$

其中,$w_0 = \lambda/(\pi NA)$,$z_0 = kw_0^2/2$,焦斑的大小 $2w_0$ 为艾里斑的直径,它与物镜的数值孔径(NA)成反比;焦深 $2z_0$ 与物镜的 NA 的平方成反比。由于光强在焦斑半径方向(横向)上和瑞利长度方向(纵向)的分布通常情况下并不相等,甚至因飞秒激光诱导非线性效应引起的自聚焦会使光强在纵向上产生远长于瑞利长度的加工范围,这就造成了光学成像或激光微加工领域中的横向和纵向分辨率不对称的问题。

在实际应用中广泛采用的是横向直写方式,虽然可以通过使用高倍数大数值孔径的显微物镜来缩短焦深,但同时也会牺牲一定的工作距离,这对三维加工应用极为不利。因此,利用横向直写的优势,同时借助光束整形技术对聚焦的飞秒激光光束的光强分布调控,来改善激光加工横向和纵向分辨率不对称的问题是十分必要的。近年来,研究人员一直致力于探索该问题的解决方案,提出了包括狭缝整形[30]、正交光束直写[31]、变形镜整形[32]和飞秒激光时间域聚焦直写[33]等方法。

狭缝整形技术最早用于飞秒激光制备圆形截面微流体通道和光波导横截面[34]的整形。这种技术是将狭缝放置在显微物镜之前,进行横向直写。狭缝的方向平行于样品移动的方向(也就是激光直写的方向),其目的是降低聚焦光束在垂直于波导轴方向的数值孔径,增加上述轴向上的激光焦斑尺寸和拓宽对应区域的宽度,如图 3.10 所示。可以分别从理论和实验上证实了这一方案的可行性,近似将通过狭缝后的高斯光束看成是椭圆高斯光束,焦点处的光强可表示为

$$I_e = \frac{1}{[1+(z^2/z_0^2)]^{1/2}} \frac{1}{[1+(z^2/z_0'^2)]^{1/2}}$$
$$\times \exp\left\{\frac{-2x^2}{w_0^2[1+(z^2/z_0^2)]}\right\} \exp\left\{\frac{-2y^2}{w_0'^2[1+(z^2/z_0'^2)]}\right\} \quad (3.2)$$

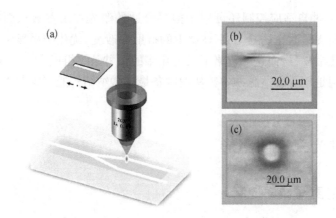

图 3.10　狭缝整形直写示意图(a);传统方式聚焦直写波导截面(b)和
狭缝整形直写波导截面(c)[34]

与上式类似,引入两个新的参数 w_0' 和 z_0',并定义 $w_0' = (R_x/R_y)w_0$,$z_0' = kw_0'^2/2$,其中 R_x 和 R_y 分别是椭圆高斯光束沿长轴和短轴的尺寸半径。理论模拟(图 3.11)和实验验证表明当沿长轴和短轴的光束半径比值为 6 时,激光焦点处的能量分布沿一个纵向平面近似为圆形。这样就能直写出具有对称截面的微流体通道和光波导等元器件。

如图 3.11 所示是插入狭缝前后焦点处光强分布模拟图,可以看出插入狭缝后形貌有了明显改善。这种方法灵活,可操作性强,缺点在于造成较大激光能量损失。此外,这种方法只能提供一维方向整形,例如,狭缝沿 Y 方向放置,聚焦后 XZ 平面光斑形貌近似为圆形,而 YZ 平面光斑形貌依然为椭圆形。因此只有沿着 Y 方向直写时才能有效制备具有圆形对称横截面的微结构,其他方向并不能奏效。对此,可以通过动态旋转狭缝来实现二维圆截面弯曲光波导的直写[35]。此外,这

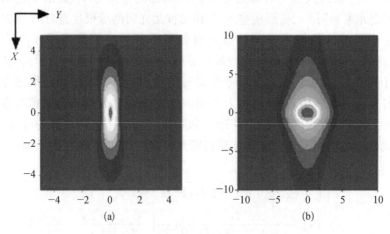

图 3.11　传统聚焦模式(a)和经狭缝整形后焦点附近的光强模拟(b)[30]

一方法是以牺牲 X 方向的横向加工分辨率为代价的,即使 X 方向的光斑尺寸变大,一般而言这对高精度的微加工也是不利的。幸运的是,由于飞秒激光微加工是一个非线性光学加工过程,激光焦斑尺寸增加以后,峰值功率即被降低。因此,此时焦斑中心光强能够满足多光子吸收阈值条件的区域的面积实际是在减小,从而对分辨率的损失进行了有效地补偿。

3.2.2　多光束并行处理

通常的飞秒激光单点扫描加工方式效率较低,在大面积微结构制备中显得极为不利,为了提高扫描速度可以相应提高扫描速度,这需要高重复频率的飞秒激光器,但受三微平台移动速度的制约,这种加工效率的提高是有限的。提高加工效率的有效方法是使用多点扫描并行处理,例如,可以利用微透镜阵列使一束光聚焦时产生多个焦点,并使其同步扫描,从而极大地提高了双光子聚合微加工的效率[36],如图 3.12(a)所示。为了保证加工质量,必须使多个焦点的光强和形貌等均匀一致,这对入射光束质量和微透镜阵列的一致性提出较高要求。

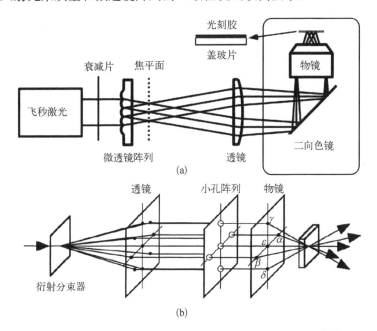

图 3.12　微透镜阵列用于双光子聚合加工装置示意图(a)[36];
多光束干涉并行加工装置示意图(b)[39]

飞秒激光在整个脉冲宽度内具有极好的相干性。当从同一光束分出的两束或两束以上的光束相干叠加时会形成强度周期性调制的电磁场,与材料作用时能产生相应的周期性微结构。双光束干涉可用分束镜将飞秒激光一分为二聚焦到样品上,通过调节平移台和延时线观测空气中激发出来的三次谐波信号保证两束光在时间和空间上严格重合[37,38];而多光束干涉则可以在光路中添加衍射光栅分束片,将飞秒激光分为多束,通过透镜准直后再利用小孔阵列获得所需干涉场型并聚焦到样品表面或内部[39],在具体操作时还可以在某些光束中插入波片调节光束之间的相位差,以获得不同的干涉强度分布,从而加工出各种形貌的微结构[40],如图 3.12(c)所示。和双光束干涉相比,多光束干涉微加工效率高,可以一次性诱导出二维或三维周期结构,而且光路简单、稳定、可调性强。

3.2.3 自适应光束空间整形

液晶空间光调制器是一种源于光显示和光信息处理中对光束进行主动和动态调控的关键器件,最近也被广泛应用于成像、光镊和激光加工等领域。常用的如相列型液晶空间光调制器能对光束提供纯相位调制且光损耗较低,它除了能提供脉冲整形器中对脉冲的光谱相位调制功能外,还能作为二元光学器件(包括计算机产生的全息图像)对光束进行空间整形。由于液晶空间光调制器的相位对空间频率有一定的响应关系,因此在实际应用中需要对这一关系进行预补偿。计算所得的相位值 $\varphi(r)$ 和空间光调制器上的实际值 $\varphi'(r)$ 满足如下关系

$$\varphi'(r) = F^{-1}\left\{\frac{F[\varphi(r)]}{1+(\nu/\nu_h)^2}\right\} \tag{3.3}$$

其中,F^{-1} 和 F 分别表示傅里叶变换和傅里叶逆变换,r 表示位置,ν 表示空间频率,ν_h 表示调制传递函数(MTF)为最大值一半位置处的空间频率。

如图 3.13 所示是自适应光束整形加工装置[41],在这一装置中同时采用了空间光调制器和可变形镜,它们之间满足物像共轭的关系。可变形镜能在较大范围内连续调节相位,却因促动器数量有限很难实现精密调节;而空间光调制器虽然具有较高的分辨率(像素或线对数较高),却受限于最大相位调节深度,一般不会超过 2π。因此将这两者结合起来可以在较大范围内对相位实现精密调节。例如,当采用高数值孔径(NA=1.45)的物镜对金刚石进行三维加工时,由于金刚石($n=2.4$)与空气(或物镜匹配液)之间的折射率差较大,因此光束聚焦到金刚石内部时具有较大像差,一般很难实现深层加工。通过自适应光学的方法可以很好地补偿这一相差,使飞秒激光束在金刚石内部仍能形成比较理想的焦斑。图 3.13 比较了没有使用相差矫正和使用相差矫正后的加工情况,其中 z 方向为光束传输方向,结果表明使用自适应光学矫正像差后,能在深度方向加工出清晰而锐利的三维微结构图案。

此外,为了对具体光束和加工样本参数进行动态补偿,还需对光束进行采样反馈分析,并采用合适的优化算法进行迭代计算,直到输入最优的光束图案。目前使用自适应光束整形的方法,已成功实现多焦点加工的焦斑均匀性优化[42]、动态狭缝整形加工[43]、深层加工[44]和样本边缘加工的像差矫正[45]等。

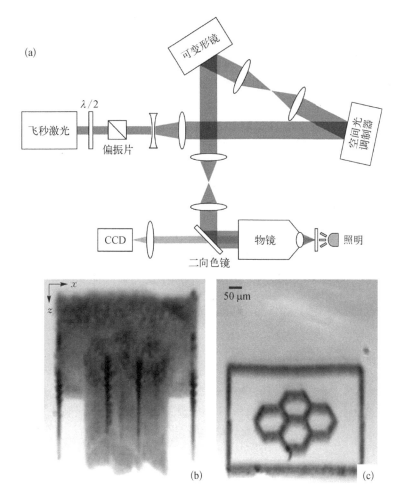

图 3.13 自适应光束矫正飞秒激光直写像差装置示意图(a);未矫正像差(b)和矫正像差(c)后制备微结构的纵向横截面的光学显微图像[41]

3.3 飞秒激光时空聚焦

3.3.1 时空聚焦原理简介

时空聚焦技术最早是由 C. Xu 和 Y. Silberberg 等于 2005 年为了抑制宽场双光子荧光显微中的背景噪声,实现宽场三维层析成像而提出的[46,47]。如图 3.14(a)所示,宽场时空聚焦的原理是激光脉冲通过光学色散元件(如棱镜,光栅)形成角度色散光束,并经过透镜准直形成空间色散光束,在这种情况下,各频谱分量在空间上没有重叠,因此并不能合成在一起从而产生传输极限脉冲。然后,在空间域上色散的频谱成分可以通过一个聚焦物镜重新组合在一起,产生一个只在焦平面上的脉宽达到最短的脉冲,而在焦平面外脉冲被展宽。在这一宽场模式下,通常透镜和物镜按 $4f$ 成像系统设置,而光栅平面和待观测生物样本平面则满足这一系统的物像共轭关系。

2010 年,何飞等首次将时空聚焦方法引入飞秒激光微纳加工[33],由于在飞秒激光加工领域,基于点聚焦的直写扫描加工方式更加灵活和更受欢迎,他们将之前广泛应用于宽场双光子成像领域的时空聚焦技术做了改进。如图3.14(b)所示,空间色散光束是由光栅对产生的,为了补偿光栅对的负啁啾,需要对入射飞秒激光进行预啁啾补偿,可以通过减小激光放大器腔里的脉冲压缩光栅对之间的距离得到正啁啾补偿。这一技术首先在改善飞秒激光直写横截面形貌中得到成功应用,并随后被拓展到飞秒激光非互易直写和三维光刻等领域[33,48-51],多个小组也研究了时空聚焦飞秒光束在空气、水、生物组织等物质中的传播规律和与物质相互作用的新现象[52-55]。

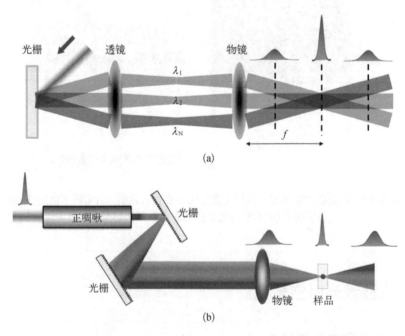

图 3.14　宽场(a)和点聚焦模式超短脉冲时空聚焦原理示意图(b)

3.3.2　时空聚焦三维各向同性直写

时空聚焦飞秒激光光束传播的计算可以利用菲涅耳-基尔霍夫衍射理论进行描述,假设入射脉冲的时间啁啾是预补偿的,即入射的光谱相位是 $\varphi_{2in}(\omega)=0$,透

镜入口孔径处空间上分散脉冲 E_1 归一化的光场可表示为

$$E_1(x, y, \omega) = A_0 \exp\left[-\frac{(\omega-\omega_0)^2}{\Delta\omega^2} + \mathrm{i}\frac{1}{2}\varphi_{2\mathrm{in}}(\omega-\omega_0)^2\right]$$
$$\times \exp\left\{-\frac{[x-\alpha(\omega-\omega_0)]^2+y^2}{w_{\mathrm{in}}^2}\right\} \tag{3.4}$$

其中,A_0 是恒定电场振幅,ω_0 是载波频率,$\Delta\omega$ 是脉冲的带宽($1/e^2$),w_{in} 是沿高斯光束的束腰半径,$\alpha(\omega-\omega_0)$ 是物镜入口孔径处各频谱分量的线性位移量。对于光栅对色散系统,忽略由光栅对引起的高阶啁啾,关于 α 的解析表达式的详细推导已在文献[50]给出。

通过透镜并传播距离 z 后的光场可写为

$$E_2(x, y, z, \omega) = \frac{\exp(\mathrm{i}kz)}{\mathrm{i}\lambda z}\iint_{-\infty}^{\infty} E_1(\xi, \eta, \omega)\exp\left(-\mathrm{i}k\frac{\xi^2+\eta^2}{2f}\right)$$
$$\times \exp\left[\mathrm{i}k\frac{(x-\xi)^2+(y-\eta)^2}{2z}\right]\mathrm{d}\xi\mathrm{d}\eta \tag{3.5}$$

其中,k 是波矢,f 是透镜的焦距。在时间域上的强度分布可以通过 $E_2(x,y,z,\omega)$ 的傅里叶逆变换得到

$$I_{\mathrm{TF}}(x, y, z, t) = |E_2(x, y, z, t)|^2 = \left|\int_{-\infty}^{\infty} E_2(x, y, z, \omega)\exp(-\mathrm{i}\omega t)\mathrm{d}\omega\right|^2 \tag{3.6}$$

空间色散的光束在 xOz 和 yOz 平面上聚焦的光强分布可据式(3.6)得到。在数值模拟中,脉冲宽度和谱线宽度分别为 40 fs、30 nm。光栅之间的距离(1 200 线对/mm,入射角为 45°)设置为 180 mm。输入激光的束腰 $2w_{\mathrm{in}} = 5$ mm。传统聚焦激光光束的光强分布可以通过把 $\alpha=0$ 代入式(3.4)得到。如图 3.15 所示,可以清楚地看到用时空聚焦得到近似球形的光强分布。

进一步还通过实验验证了时空聚焦直写在截面形貌控制中的有效性,具体是利用飞秒激光直写结合湿法化学刻蚀的方法在石英玻璃里制作三维微流体通道。激光功率和扫描速度分别选择为 3.5 mW 和 50 μm/s,其他参数和上述仿真计算中的选择是一致的。激光照射后,将样品置于浓度为 10% 的氢氟酸水溶液中并辅以超声波水浴进行 150 min 的湿化学腐蚀。然后通过切割和抛光样品来检查通道的横截面形貌。微流体通道横截面的光学显微图如图 3.15(d)~(f)所示,将通道截断后抛光并观察其横截面形貌,可以发现与传统聚焦相比,时空聚焦直写出来的微流通道结构无论是 xz 还是 yz 平面的通道截面均为圆形。

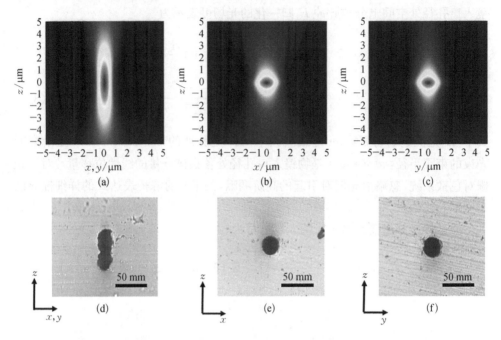

图 3.15 传统聚焦(a)和时空聚焦技术(b)、(c);分别在 xz 和 yz 平面上物镜聚焦激光光强分布的理论计算以及传统聚焦系统(d)和时空聚焦系统分别在 xz(e)和 yz(f)平面上由飞秒激光直写产生的微流体通道横截面光学显微图像[33]

3.3.3 时空聚焦三维光刻

光刻是一项应用于微电子和微电机系统(MEMS)的加工技术。它包括曝光、刻蚀、清洗等多个步骤,可以用来在半导体、玻璃或聚合物中制备二维微纳结构。传统的光刻技术无须扫描,仅通过一次成像就可以将图案缩微并转移到基底材料表面,这种技术在大面积制备中具有成熟而广泛的应用。当需要在材料内部进行大面积三维加工时,这种技术就显得无能为力了。由于宽场时空聚焦模式兼具宽场成像和纵向分辨能力,将这一技术借用到微加工领域就有可能实现三维光刻。

最近,人们将时空聚焦技术和双光子聚合技术结合起来,成功实现三维光刻[48]。加工装置如图 3.16 所示,与时空聚焦宽场成像稍有不同,在这一装置中需要用到结构光照明,较之相比,需要额外的两只中继透镜和一片光学掩膜版。两只中继透镜按 $4f$ 系统排列,掩膜版和光栅分别位于中继透镜组的共轭焦平面上;此外,筒镜和物镜是另外一组 $4f$ 系统(光刻系统),掩膜版和样品满足另外的物像共轭关系,可以将掩膜版图案以时空聚焦的方式直刻到样品内部。通过移动样品的位置,还可在不同深度刻入不同图案,从而实现三维光刻。

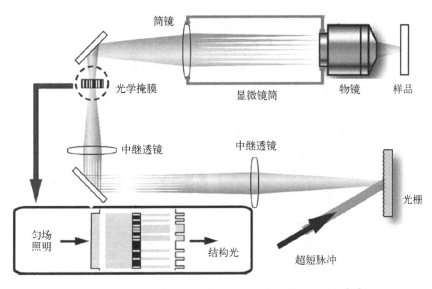

图 3.16　飞秒激光时空聚焦三维光刻加工装置示意图[48]

3.3.4　脉冲前沿倾斜和焦面强度倾斜

在飞秒激光加工领域,虽然时空聚焦技术最初是为了改善直写截面形貌而提出的,但它同时在非互易直写上具有重要的应用。最近,人们报道了时空聚焦激光束具有一个比以往脉冲前沿倾斜大几个数量级的焦斑,能在玻璃里更灵活和有效地引起非互易直写[49]。此外,人们还发现点聚焦模式下的时空聚焦飞秒光束的焦斑光强分布,不同于传统聚焦的对称分布,而是与焦平面有一定的倾角。这一现象已在严格的模拟计算和双光子荧光激发实验中得到验证。为了与脉冲前沿倾斜区分开来,我们把这种特性定义为光强平面倾斜[56],如图 3.17 所示。

脉冲前沿倾斜是指脉冲的到达时间在横向不同位置具有先后而并非同时,以往的研究表明:具有角啁啾的脉冲会产生脉冲前沿倾斜;对脉冲同时引入时间啁啾和空间啁啾也会引起脉冲前沿倾斜。在当前的时空聚焦模式下,时间啁啾是经过预补偿的,因此脉冲前沿倾斜仅由角啁啾引入。为了进一步分析时空聚焦光束的脉冲特性,焦点区域脉冲的光谱相位可写为

$$\varphi(x, y, z, \omega) = n(\omega)k_0 x\sin\theta_x + n(\omega)k_0 z\left(1 - \frac{1}{2}\sin^2\theta_x\right)$$
$$- \eta(z) + n(\omega)k_0 \frac{(x - z\sin\theta_x)^2 + y^2}{2R(z)} \tag{3.7}$$

其中,k_0 是脉冲的中心波矢量,$R(z)$ 是光束的波阵面的曲率半径,η 是 Gouy 相移。考虑焦平面 $z = 0$ 处的一阶光谱相位

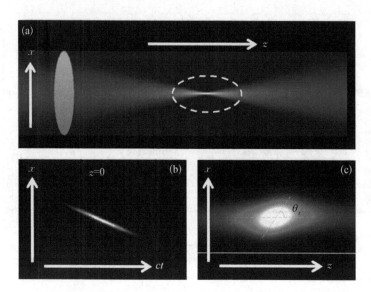

图 3.17　时空聚焦原理示意图(a);焦点区域脉冲前沿倾斜(b)和光强平面倾斜(c)示意图[56]

$$\varphi_1(x) = -\frac{\alpha\omega_0}{cf}x \tag{3.8}$$

由式(3.8)可知,时空聚焦脉冲的群延时并非恒定,而是与横向位置(空间啁啾方向)线性相关,它表明不同位置的脉冲到达的时间不是同时的,即为脉冲前沿倾斜。当光谱相位展开到二阶时,可以进一步得到

$$\varphi_2(x, z) = \left(\frac{x}{w_0}\frac{\tau_0\beta}{\omega_0} - \frac{z}{z_R}\frac{\tau_0^2\beta^2}{4}\right)\left(\frac{n}{1+z^2/z_R^2}\right) \tag{3.9}$$

通常如果忽略高阶色散,当 $\varphi_2 = 0$ 时,脉冲宽度最短,在 xz 平面上有条斜线满足此关系,即

$$z(x) = \frac{2}{\beta}\frac{x}{w_0}\frac{\Delta\omega}{\omega_0}z_R = \frac{2f}{\alpha\omega_0}x \tag{3.10}$$

可以很直观地看出,焦区光强平面倾斜的斜率与啁啾率 α 成正比,与焦距 f 成反比。

3.4　光束整形加工应用举例

3.4.1　无衍射光束加工

Durnin 于 1987 年首次提出了"无衍射光"的概念[57],这种光束的光强分布在横向上具有贝塞尔函数的分布特性,因此又叫贝塞尔光束。理想的贝塞尔光束携带无穷大的能量,且光场分布不随传播距离变化,一般在自然界是不存在的。因此实际应用中只能获得近似无衍射光束。目前,已有多种实验方法能够获得近似无衍射光束,如通过特定结构的谐振腔由激光器直接产生贝塞尔光,或由计算机全息图法、轴棱锥法等转换方法获得。与高斯光束相比,贝塞尔光束具有极长的焦深,近年来在生物成像和激光加工等领域引起了人们的广泛关注[58]。

人们将无衍射飞秒激光光束应用于具有较高深径比的纳米通道的制备,取得很好的效果[59]。如图3.18(a)所示,飞秒激光高斯光束通过角锥透镜(或由空间光调制器产生的虚拟角锥透镜)后就可以产生贝塞尔-高斯光束,与高斯光束相比,它在沿轴传输过程中能够维持更长距离和具有较强的光强稳定性。将这一光束聚焦于玻璃样品背面,仅通过高强度的单发飞秒脉冲就可以在玻璃样品中制备出直径在200~800 nm,深径比超过100的纳米通道,如图3.18(b)所示。

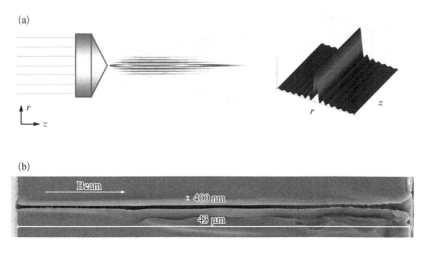

图3.18　角锥棱镜产生贝塞尔光束及其光强分布示意图(a);使用贝塞尔光束在玻璃中制备高深径比的纳米通道 SEM 图像(b)[59]

需要指出的是贝塞尔光束虽然具有无衍射特性,但它具有较大比例的旁瓣,一般为16%,这些旁瓣也会给样品带来不必要的损伤,特别是在加工不透明的材料时。此外在生物成像中,旁瓣还会造成分辨率的降低,如何抑制贝塞尔光束的旁瓣成了微加工和生物成像领域亟待解决的难题。最近,人们首次将相位板引入贝塞尔光束整形,成功地抑制了贝塞尔光束的旁瓣,在硅穿孔加工中获得了较好的效果[60]。如图3.19所示,与传统贝塞尔光束相比,仅需要在角锥棱镜前面放置一片通过优化设计的相位板,我们就可以获得旁瓣比仅为0.6%的剪切贝塞尔光束。虽然相比传统贝塞尔光束,它的焦深有一定程度的牺牲,但仍然远远大于相同横向尺寸高斯光束的焦深,且能满足绝大部分激光加工和生物成像应用。

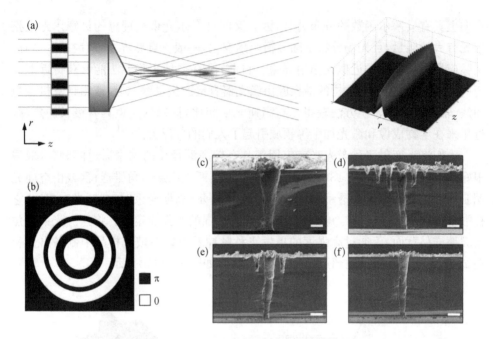

图 3.19 相位板整形贝塞尔光束示意图(a);相位板结构示意图(b);分别使用高斯光束(c)、传统贝塞尔光束(d)、相位板整形后的贝塞尔光束(e)和(f)进行硅穿孔加工的截面扫描电子显微图像[60]

3.4.2 脉冲偏振整形加工

根据激光在透明介质材料中沉积的能量不同,可以把飞秒激光诱导材料改性分为不同类型。特别需要指出的是,适中的能量沉积会在透明材料中形成纳米光栅结构。这种光栅结构具有双折射特性,且慢轴与光栅条纹平行,快轴与光栅条纹垂直。利用这一特性,可以使用飞秒激光直写加工在石英玻璃内部制备灵活多样的具有偏振敏感特性的光学元件,重要的是这些光学元件可以工作在可见光波段[61]。而传统的光刻的方法由于分辨率受限,只能制备工作于远红外波段的类似器件。

图 3.20(a)给出了使用飞秒光束偏振整形加工的最简单的装置,可将一块消色差的半波片置入电动控制的旋转台上,飞秒光束的偏振态的改变可以通过旋转半波片与样本载物台的相对位置来实现。通过这种方式,人们可以实现具有空间变化特性、各向同性且任意构型的双折射器件。图 3.20(a)右图即是人们用这种方法在石英玻璃中直写得到的微型偏振转化器,可以直接将偏振态为径向偏振的光转换为环向偏振。

此外,合理操控飞秒激光的偏振态可以将偏振信息编码写入透明体材料中,从而实现基于偏振态复用的可擦写式五维光存储,即在传统三维光存储的基础上增加慢轴方向(第四维)和相位延迟量(第五维)。如图 3.20(b)～(d)所示,通过操控飞秒激光偏振态,可以将牛顿和麦克斯韦的图像写入到一幅图中,但麦克斯韦的图像是由相位延迟强度编码的,而牛顿的图像则是根据慢轴的环向偏振角度编码的,因此可以很容易将它们解码分开。

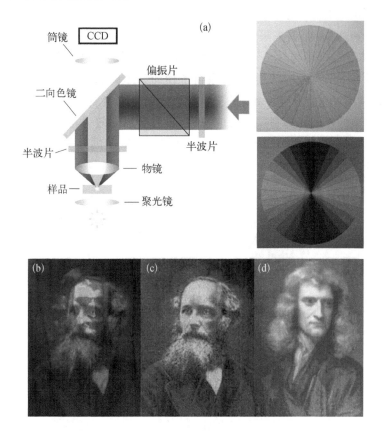

图 3.20　飞秒激光偏振整形加工装置示意图及利用该装置直写制备的偏振转化器的光学显微图像(a)[61];将牛顿和麦克斯韦图像以不同的偏振结构同时写入透明材料中(b)和分别解码出的麦克斯韦(c)及牛顿的头像(d)[62](后附彩图)

3.4.3　飞秒激光超分辨加工

1994 年,S. Hell 等提出受激发射损耗(STED)荧光显微术,该技术可突破远场光学显微术衍射极限来实现三维成像[63]。其基本原理是利用荧光饱和与激发态荧光受激损耗的非线性关系,采用了两束组合激光,即一束光被聚焦成正常的衍射极限焦斑,其将焦斑内的荧光分子抽运到激发态;而另一束光则选取在荧光分子的发射波长范围,并被聚焦成一个中心与第一束光的焦斑中心完全重合但却是中空的环状焦斑。利用第二束光可以将被第一束激发光抽运到激发态上去的荧光分子从激发态淬灭到基态,因此它也被称作淬灭光束。由于淬灭光束的光强分布仅在几何焦点处为零,因此从原理上讲,只要淬灭光足够强,则由第一束光激发的荧光分子所占据的体积几乎可以被无限制地压缩到几何焦点附近极小的范围内,因为在几何焦点以外这些荧光分子都会被淬灭。

飞秒激光三维直写系统在本质上和光学扫描显微成像系统类似,其加工分辨率依然会受到 Abbe 衍射极限分辨率的影响。为了从根本上提高飞秒激光直写分辨率,人们将这种远场光学超分辨技术移植到了激光加工领域,即利用材料在两束不同激光诱导下的激发和抑制效应,取得了横向和纵向加工分辨率上实质性的突破。例如,利用一束波长 800 nm 的飞秒激光来诱导聚合物的交联反应,同时使用另一束同波长的连续光抑制这一反应过程,最终叠加的效果是形成一个远小于单光束焦斑的聚焦点,实现多光子吸收聚合,其横向和纵向的分辨率都远超 Abbe 光学衍射极限分辨率[64],如图 3.21 所示。

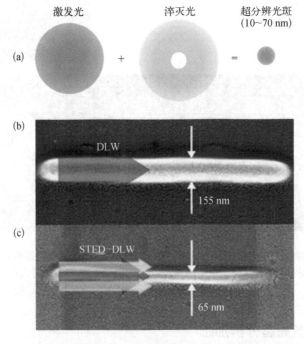

图 3.21 受激发射损耗超分辨原理示意图(a);飞秒激光传统直写(b)和超分辨直写(c)加工所制备的双光子聚合微结构线条[64]

参 考 文 献

[1] Fork R L, Martinez O E, Gordon J P. Negative dispersion using pairs of prisms. Optics Letters, 1984, 9(5): 150-152.

[2] Treacy E B. Optical pulse compression with diffraction gratings. IEEE Journal of Quantum

Electronics, 1969, 5(9): 454-458.

[3] Froehly C, Colombeau B, Vampouille M. Shaping and analysis of picosecond light pulses. Progress in Optics, 1983, 20: 63-153.

[4] Martinez O E. 3000 times grating compressor with positive group velocity dispersion: Application to fiber compensation in 1.3-1.6 μm region. IEEE Journal of Quantum Electronics, 1987, 23(1): 59-64.

[5] Szipöcs R, Spielmann C, Krausz F, et al. Chirped multilayer coatings for broadband dispersion control in femtosecond lasers. Optics Letters, 1994, 19(3): 201-203.

[6] Hornbeck L J. Deformable-mirror spatial light modulators. 33rd Annual Techincal Symposium. International Society for Optics and Photonics, 1990: 86-103.

[7] Tournois P. Acousto-optic programmable dispersive filter for adaptive compensation of group delay time dispersion in laser systems. Optics Communications, 1997, 140(4): 245-249.

[8] Weiner A M. Femtosecond pulse shaping using spatial light modulators. Review of Scientific Instruments, 2000, 71(5): 1929-1960.

[9] Choi T Y, Hwang D J, Grigoropoulos C P. Femtosecond laser induced ablation of crystalline silicon upon double beam irradiation. Applied Surface Science, 2002, 197: 720-725.

[10] Scuderi D, Albert O, Moreau D, et al. Interaction of a laser-produced plume with a second time delayed femtosecond pulse. Applied Physics Letters, 2005, 86(7): 071502.

[11] Povarnitsyn M E, Itina T E, Khishchenko K V, et al. Suppression of ablation in femtosecond double-pulse experiments. Physical Review Letters, 2009, 103(19): 195002.

[12] Karimelahi S, Abolghasemi L, Herman P R. Rapid micromachining of high aspect ratio holes in fused silica glass by high repetition rate picosecond laser. Applied Physics A, 2014, 114(1): 91-111.

[13] Sugioka K, Iida M, Takai H, et al. Efficient microwelding of glass substrates by ultrafast laser irradiation using a double-pulse train. Optics Letters, 2011, 36(14): 2734-2736.

[14] Stoian R, Boyle M, Thoss A, et al. Laser ablation of dielectrics with temporally shaped femtosecond pulses. Applied Physics Letters, 2002, 80(3): 353-355.

[15] Spyridaki M, Koudoumas E, Tzanetakis P, et al. Temporal pulse manipulation and ion generation in ultrafast laser ablation of silicon. Applied Physics Letters, 2003, 83(7): 1474-1476.

[16] Stoian R, Boyle M, Thoss A, et al. Dynamic temporal pulse shaping in advanced ultrafast laser material processing. Applied Physics A, 2003, 77(2): 265-269.

[17] Mauclair C, Mermillod-Blondin A, Huot N, et al. Ultrafast laser writing of homogeneous longitudinal waveguides in glasses using dynamic wavefront correction. Optics Express, 2008, 16(8): 5481-5492.

[18] Englert L, Rethfeld B, Haag L, et al. Control of ionization processes in high band gap materials via tailored femtosecond pulses. Optics Express, 2007, 15(26): 17855-17862.

[19] Englert L, Wollenhaupt M, Haag L, et al. Material processing of dielectrics with

temporally asymmetric shaped femtosecond laser pulses on the nanometer scale. Applied Physics A, 2008, 92(4): 749 - 753.

[20] Yelin D, Meshulach D, Silberberg Y. Adaptive femtosecond pulse compression. Optics Letters, 1997, 22(23): 1793 - 1795.

[21] Baumert T, Brixner T, Seyfried V, et al. Femtosecond pulse shaping by an evolutionary algorithm with feedback. Applied Physics B: Lasers and Optics, 1997, 65(6): 779 - 782.

[22] Omenetto F G, Taylor A J, Moores M D, et al. Adaptive control of femtosecond pulse propagation in optical fibers. Optics Letters, 2001, 26(12): 938 - 941.

[23] Siegner U, Haiml M, Kunde J, et al. Adaptive pulse compression by two-photon absorption in semiconductors. Optics Letters, 2002, 27(5): 315 - 317.

[24] Shverdin M Y, Goda S N, Yin G Y, et al. Coherent control of laser-induced breakdown. Optics Letters, 2006, 31(9): 1331 - 1333.

[25] Dachraoui H, Husinsky W. Thresholds of plasma formation in silicon identified by optimizing the ablation laser pulse form. Physical Review Letters, 2006, 97(10): 107601.

[26] Heck G, Sloss J, Levis R J. Adaptive control of the spatial position of white light filaments in an aqueous solution. Optics Communications, 2006, 259(1): 216 - 222.

[27] Ackermann R, Salmon E, Lascoux N, et al. Optimal control of filamentation in air. Applied Physics Letters, 2006, 89(17): 171117.

[28] Mermillod-Blondin A, Mauclair C, Rosenfeld A, et al. Size correction in ultrafast laser processing of fused silica by temporal pulse shaping. Applied Physics Letters, 2008, 93(2): 021921.

[29] Mermillod-Blondin A, Burakov I M, Meshcheryakov Y P, et al. Flipping the sign of refractive index changes in ultrafast and temporally shaped laser-irradiated borosilicate crown optical glass at high repetition rates. Physical Review B, 2008, 77(10): 104205.

[30] Cheng Y, Sugioka K, Midorikawa K, et al. Control of the cross-sectional shape of a hollow microchannel embedded in photostructurable glass by use of a femtosecond laser. Optics Letters, 2003, 28(1): 55 - 57.

[31] Sugioka K, Cheng Y, Midorikawa K, et al. Femtosecond laser microprocessing with three-dimensionally isotropic spatial resolution using crossed-beam irradiation. Optics Letters, 2006, 31(2): 208 - 210.

[32] Thomson R R, Bockelt A S, Ramsay E, et al. Shaping ultrafast laser inscribed optical waveguides using a deformable mirror. Optics Express, 2008, 16(17): 12786 - 12793.

[33] He F, Xu H, Cheng Y, et al. Fabrication of microfluidic channels with a circular cross section using spatiotemporally focused femtosecond laser pulses. Optics Letters, 2010, 35(7): 1106 - 1108.

[34] Ams M, Marshall G D, Spence D J, et al. Slit beam shaping method for femtosecond laser direct-write fabrication of symmetric waveguides in bulk glasses. Optics Express, 2005, 13(15): 5676 - 5681.

[35] Zhang Y, Cheng G, Huo G, et al. The fabrication of circular cross-section waveguide in two dimensions with a dynamical slit. Laser Physics, 2009, 19(12): 2236-2241.

[36] Kato J, Takeyasu N, Adachi Y, et al. Multiple-spot parallel processing for laser micro-nanofabrication. Applied Physics Letters, 2005, 86(4): 044102.

[37] Maznev A A, Crimmins T F, Nelson K A. How to make femtosecond pulses overlap. Optics Letters, 1998, 23(17): 1378-1380.

[38] Kawamura K, Sarukura N, Hirano M, et al. Periodic nanostructure array in crossed holographic gratings on silica glass by two interfered infrared-femtosecond laser pulses. Applied Physics Letters, 2001, 79(9): 1228-1230.

[39] Kondo T, Matsuo S, Juodkazis S, et al. Femtosecond laser interference technique with diffractive beam splitter for fabrication of three-dimensional photonic crystals. Applied Physics Letters, 2001, 79(6): 725-727.

[40] Kondo T, Juodkazis S, Mizeikis V, et al. Fabrication of three-dimensional periodic microstructures in photoresist SU-8 by phase-controlled holographic lithography. New Journal of Physics, 2006, 8(10): 250.

[41] Simmonds R D, Salter P S, Jesacher A, et al. Three dimensional laser microfabrication in diamond using a dual adaptive optics system. Optics Express, 2011, 19(24): 24122-24128.

[42] Takahashi H, Hasegawa S, Hayasaki Y. Holographic femtosecond laser processing using optimal-rotation-angle method with compensation of spatial frequency response of liquid crystal spatial light modulator. Applied Optics, 2007, 46(23): 5917-5923.

[43] Salter P S, Jesacher A, Spring J B, et al. Adaptive slit beam shaping for direct laser written waveguides. Optics Letters, 2012, 37(4): 470-472.

[44] Salter P S, Baum M, Alexeev I, et al. Exploring the depth range for three-dimensional laser machining with aberration correction. Optics Express, 2014, 22(15): 17644-17656.

[45] Salter P S, Booth M J. Focussing over the edge: adaptive subsurface laser fabrication up to the sample face. Optics Express, 2012, 20(18): 19978-19989.

[46] Zhu G, Van Howe J, Durst M, et al. Simultaneous spatial and temporal focusing of femtosecond pulses. Optics Express, 2005, 13(6): 2153-2159.

[47] Oron D, Tal E, Silberberg Y. Scanningless depth-resolved microscopy. Optics Express, 2005, 13(5): 1468-1476.

[48] Kim D, So P T C. High-throughput three-dimensional lithographic microfabrication. Optics Letters, 2010, 35(10): 1602-1604.

[49] Vitek D N, Block E, Bellouard Y, et al. Spatio-temporally focused femtosecond laser pulses for nonreciprocal writing in optically transparent materials. Optics Express, 2010, 18(24): 24673-24678.

[50] He F, Cheng Y, Lin J, et al. Independent control of aspect ratios in the axial and lateral cross sections of a focal spot for three-dimensional femtosecond laser micromachining. New

Journal of Physics, 2011, 13(8): 083014.
[51] Vitek D N, Adams D E, Johnson A, et al. Temporally focused femtosecond laser pulses for low numerical aperture micromachining through optically transparent materials. Optics Express, 2010, 18(17): 18086-18094.
[52] Zeng B, Chu W, Gao H, et al. Enhancement of peak intensity in a filament core with spatiotemporally focused femtosecond laser pulses. Physical Review A, 2011, 84(6): 063819.
[53] Li G, Ni J, Xie H, et al. Second harmonic generation in centrosymmetric gas with spatiotemporally focused intense femtosecond laser pulses. Optics Letters, 2014, 39(4): 961-964.
[54] Block E, Greco M, Vitek D, et al. Simultaneous spatial and temporal focusing for tissue ablation. Biomedical Optics Express, 2013, 4(6): 831-841.
[55] Kammel R, Ackermann R, Thomas J, et al. Enhancing precision in fs-laser material processing by simultaneous spatial and temporal focusing. Light: Science & Applications, 2014, 3(5): e169.
[56] He F, Zeng B, Chu W, et al. Characterization and control of peak intensity distribution at the focus of a spatiotemporally focused femtosecond laser beam. Optics Express, 2014, 22(8): 9734-9748.
[57] Durnin J, MiceliJr J J, Eberly J H. Diffraction-free beams. Physical Review Letters, 1987, 58(15): 1499-1501.
[58] Duocastella M, Arnold C B. Bessel and annular beams for materials processing. Laser & Photonics Reviews, 2012, 6(5): 607-621.
[59] Bhuyan M K, Courvoisier F, Lacourt P A, et al. High aspect ratio nanochannel machining using single shot femtosecond Bessel beams. Applied Physics Letters, 2010, 97(8): 081102.
[60] He F, Yu J J, Chu W, et al. Tailored femtosecond Bessel beams for high-throughput, taper-free through-Silicon vias (TSVs) fabrication. Proceedings of SPIE, 2016, 9735: 973506.
[61] Beresna M, Gecevičius M, Kazansky P G, et al. Radially polarized optical vortex converter created by femtosecond laser nanostructuring of glass. Applied Physics Letters, 2011, 98(20): 201101.
[62] Zhang J, Gecevičius M, Beresna M, et al. 5D data storage by ultrafast laser nanostructuring in glass. CLEO: Science and Innovations. Optical Society of America, 2013, CTh5D. 9.
[63] Hell S W, Wichmann J. Breaking the diffraction resolution limit by stimulated emission: stimulatedemission-depletion fluorescence microscopy. Optics Letters, 1994, 19(11): 780-782.
[64] Fischer J, Freymann G, Wegener M. The materials challenge in diffraction-unlimited direct-laser-writing optical lithography. Advanced Material, 2010, 22(32): 3578-3582.

第 4 章

超快激光对材料的表面处理

4.1 飞秒激光加工薄膜材料

4.1.1 飞秒激光对薄膜材料的烧蚀

飞秒激光在薄膜材料上的加工是材料表面处理的重要课题之一。薄膜的精细加工在许多行业中有着广泛的应用,例如,半导体光刻中掩膜版的加工与修复,平板显示行业中薄膜晶体管的加工,以及大面积薄膜太阳能电池组件的集成等。飞秒激光脉冲是完成高质量薄膜加工的完美工具,它对薄膜的加工效果跟其他加工技术相比有明显的优势。其优势主要体现在两个方面,首先,飞秒激光对薄膜的加工有明确的烧蚀或改性阈值,可以选择性地实现对薄膜层的精细加工而对薄膜基底或其下方的其他薄膜层没有影响。其次,利用飞秒激光可以使得烧蚀区域周围的热影响区域最小,这是完成高精度薄膜加工的必要条件。

一般情况下,薄膜的厚度在数十纳米至数百纳米量级,而材料的光学穿透深度可以表示为[1]

$$l_{opt} = \frac{\lambda}{4\pi\kappa} \tag{4.1}$$

这里,λ 是光的波长,κ 是吸收系数。吸收系数与材料的电子-声子耦合长度紧密相关。对于多数材料,薄膜的厚度与其光学穿透深度在同一个量级。

当利用纳秒或更长脉冲的激光烧蚀薄膜时,其热穿透深度可以表示为[2]

$$l_{th} = \sqrt{D t_p} \tag{4.2}$$

这里,D 是材料的热扩散率,t_p 是激光的脉冲宽度。该结论是对平衡态下热扩散方程求解的结果。当激光脉冲宽度在飞秒量级,电子和晶格与激光的相互作用不能用平衡态理论来表征,电子与晶格具有不同的温度。一般情况下,其相互作用过程需要利用电子-晶格耦合时间 τ_e 来表征[3]。最初形成的自由电子通常在几个飞秒的时间内吸收光子并获得较高的动能。具有一定动能的自由电子可以在材料中扩散到一定的深度,该深度由材料的电子-晶格耦合系数所决定,并可以通过声子激发过程将能量逐渐传递给晶格。材料的特征热穿透深度可以简单地表示为[2]

$$l_{th} = \sqrt{D\tau_e} \tag{4.3}$$

如果薄膜的厚度小于特征热穿透深度,电子可以迅速地穿过薄膜到达薄膜与基底的界面,并在界面将能量传递给晶格离子。在这种情况下,损伤阈值会大大地降低。图 4.1 给出了利用中心波长为 800 nm,脉宽为 28 fs 的飞秒激光对 BK7 表面的金膜的烧蚀阈值与薄膜厚度之间的关系[4]。对于较薄的薄膜厚度,损伤阈值与膜厚呈线性关系。当膜厚达到某一特征值时,损伤阈值就不再随着膜厚的增加而增加。图 4.1 中的特征厚度约为 180 nm。特征厚度在一定程度上表征了电子-晶格耦合长度。从本质上说,大量的电子可以穿透该特征深度的材料。当膜厚大于特征深度时,激光与薄膜的相互作用特征与块状材料相似。

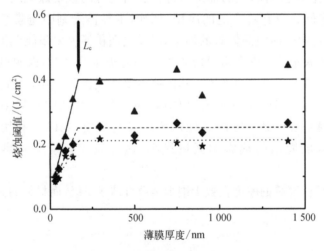

图 4.1　薄膜的烧蚀阈值与膜厚的关系

图中星形、菱形和三角形所用的脉冲数分别为 10 000、1 000 和 100[4]

图 4.2(a)给出了金属薄膜的飞秒激光微加工的电子显微图像[5]。图 4.2(b)为利用飞秒激光烧蚀金属薄膜制备掩膜版的实例[6]。从图中可以明显地看出,飞秒激光烧蚀薄膜的边缘干净光滑,对基底影响很小,而且相对于传统的光刻技术具有灵活方便的特点。因此飞秒激光烧蚀薄膜在工业上具有广阔的应用前景。

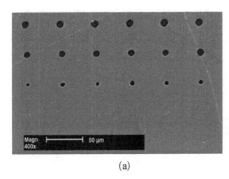
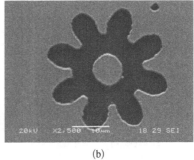

(a)　　　　　　　　　　　(b)

图 4.2　飞秒激光在金属薄膜表面加工的电子显微图像[5,6]

4.1.2　薄膜表面的微凸起结构

利用飞秒激光也可以在薄膜表面诱导纳米量级的中空的微凸起(microbumps)结构或喷射状结构(microjets)。图 4.3(a)和(b)分别给出了利用紧聚焦的飞秒激光脉冲在 60 nm 厚的金膜表面诱导的纳米量级的喷射状结构阵列及其细节形貌的电子显微图像[7]。这种结构源自激光焦点诱导的熔融材料内部的动力学过程。选用金膜的原因是与铬、锰、钨和铁等过渡金属相比,其电子-声子耦合效应比较弱。因此,其能量传递给晶格的时间较长,熔融相存在的时间也较长。产生这种微凸起结构的关键是激光的能量密度要控制在金膜表面产生熔融的阈值和烧蚀阈值之间。在此能量范围内,激光可以在不对表面产生烧蚀的情况下在表面诱导微纳米凸起结构。图 4.3(c)~(h)分别给出了利用不同能量的飞秒激光脉冲在金膜表面诱导微结构的电子显微图像。在金膜表面的熔融阈值基础上逐步增加脉冲能量,首先会在表面产生微凸起结构,如图 4.3(c)所示。通过测量已知微凸起结构是中空的,而且其厚度决定于熔融层的厚度。随着脉冲能量的增加,在微凸起结构的基础上形成了纳米量级的喷射状结构。继续增加脉冲能量,喷射状结构的高度也随之增加。当激光的能量密度高于 $2.5\ \mathrm{J/cm^2}$ 时,微凸起或喷射状结构会被破坏。

在上述实验中,金膜的厚度(60 nm)与激光的穿透深度(约 100 nm)在同一个量级,然而金膜与玻璃的界面在这种结构的形成过程中不起关键作用。当金膜的厚度在几个微米的量级时,也会产生类似的结构,此时微凸起和喷射状结构的尺寸略小一些。因此,薄膜的厚度对此种结构的产生会有一定的影响,却不从本质上影响这种结构的形成。文献[8]利用了双温模型下的分子动力学模拟阐明了这类结构的形成机制。模拟结果表明,在激光快速加热的过程中会在金膜中形成局部的压缩应力,应力的释放会导致金膜表面的膨胀并促成表面微凸起结构的形成。微凸起结构的形状决定于金膜表面瞬时的融化和再凝固的动力学过程。

图 4.3 利用飞秒激光在金膜表面诱导的纳米喷射状结构阵列(a);单个纳米喷射状结构的电子显微图像(b);不同脉冲能量的飞秒激光在金膜表面诱导的纳米结构(c)~(h)[7]

4.2 材料表面的钻孔与切割

4.2.1 表面钻孔

机械钻孔是在金属表面钻孔最传统的方法,其钻孔的极限精度可以达到 200 μm 左右。利用如 CO_2 激光器、Nd:YAG 等脉冲宽度在纳秒至微秒量级的长脉冲激光器对材料局域产生的热效应可以获得更高的钻孔精度。然而这种热加工会在加工区域的周围产生热应力,并造成较大的热影响区域,这对于加工精度的进一步提高是十分不利的。利用飞秒激光可以在没有明显热扩散的情况下完成对材料表面的选择性去除[2,9]。在图 1.4 中,我们已经给出了脉宽为 200 fs 和 3.3 ns 的激光脉冲在 100 μm 厚的钢片上钻孔的扫描电子显微镜(SEM)图像[9]。可以看出飞秒激光烧蚀产生的孔具有光滑的边缘和侧壁,表明热扩散的影响很小。相反,纳秒激光烧蚀在孔周围产生了明显的热融区域。除了可以消除热效应以外,飞秒激光在对材料的处理过程中可以快速、有效地完成局部的能量沉积,具有明确的损伤和烧蚀阈值,对基底材料的热损伤和机械损伤最小。这些优势可以使得飞秒激光在烧蚀阈值的附近对固体材料进行高质量的钻孔。

对于激光钻孔的许多实际应用来说,需要有较高的钻孔速度和较深的钻孔深度,或者需要钻通孔时所需的激光能量密度远远高于材料的烧蚀阈值。此时利用飞秒激光仍然可以保证较高的钻孔质量。当在材料上钻出通孔之后,激光脉冲能量密度较高的部分在没有吸收的情况下通过通孔。在孔的边缘部分,激光的能量密度与材料的烧蚀阈值接近,只有少部分的材料被去除。这个过程可以被看作是低能量密度的激光对通孔边缘的后处理,有利于保证钻孔的质量。图 4.4 给出了利用飞秒激光在 1 mm 厚的钢板上钻通孔的形貌和剖面图,可以看出孔的对称性、锥度以及内壁的粗糙度等形貌特征均有较高的质量,而且具有良好的可重复性[10]。

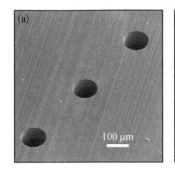 

图 4.4　利用飞秒激光在钢片上钻孔的形貌图(a)和剖面图(b)[10]

4.2.2　表面切割

利用激光进行表面切割是激光加工领域中的重要应用之一。传统的激光切割技术常用的激光器是脉冲宽度在纳秒到毫秒量级的长脉冲激光器(如 Nd：YAG)。对于高精度激光切割来说长脉冲激光器有很大的局限性。首先,长脉冲激光与材料的相互作用过程中会产生较强的热效应,在切割边缘的附近产生较大范围的热影响区域。热熔造成的毛刺以及材料的热熔再凝固过程产生的液滴状结构会附着在切割的边缘,在许多应用中需要后续的处理去除掉这些结构。因此热效应在很大程度上限制了切割精度的提高。此外,传统的激光切割对材料的选择有很大的限制,许多对热效应比较敏感的材料无法使用这种技术进行加工。

利用飞秒激光进行材料切割可以有效地克服长脉冲激光切割的局限。几乎所有类型的材料(如金属、陶瓷、玻璃、聚合物、有机组织等)都可以利用飞秒激光进行无热熔的切割。其切割的边缘非常光滑,完全没有毛刺等热熔造成的结构。图 4.5(a)~(c)分别给出了利用飞秒激光对铝片、氟化乙烯丙烯共聚物(FEP)和聚甲基丙烯酸甲酯(PMMA)切割效果的电子显微图像[11]。除了在乙醇中超声清洗之外，这些加工都没有其他任何的后续处理。从图中可以看出利用飞秒激光对不同材料的切割均有非常干净光滑的边缘，这是利用传统的长脉冲激光加工难以达到的。对于热效应非常敏感且极度易碎的材料的切割，飞秒激光切割技术显示出更加广阔的应用前景。图 4.5(b)和(c)中的 FEP 和 PMMA 等材料都是对热效应非常敏感且易碎的透明材料，除了飞秒激光加工以外，目前还没有其他技术可以完成对此类材料的高质量切割。总而言之，传统激光切割技术无法完成的对于特殊材料的或对精度要求较高的表面切割，飞秒激光切割技术是一种非常有效的解决方案。

图 4.5　利用飞秒激光对铝片(a)、FEP(b)和 PMMA(c)切割的电子显微图像[11]

4.3　飞秒激光诱导表面周期结构

4.3.1　飞秒激光诱导表面周期结构的特点

纳米量级周期性条纹的形成，是激光作用于材料表面产生的一种有趣的现象。这种激光诱导的周期性表面结构(laser induced periodic surface structures，LIPSS)通常也被形象地称作"波纹"结构。1965 年，Birnbaum 等在利用红宝石激光器辐照半导体材料表面时首次观察到了这种结构[12]。此后，这种表面波纹结构引起了人们广泛的关注。经典连续激光或长脉冲激光诱导的 LIPSS 的周期与激光波长接近，其方向总是垂直于入射激光的偏振方向[13]。而最近的研究结果表明,利用飞秒激光可以在材料表面诱导周期远小于波长的波纹结构[14-16]。通常情况下波纹结构的周期与入射激光的波长成正比。一般地,若结构的周期 Λ 与波长 λ 的比例满足 $\Lambda/\lambda < 0.4$,则称这种结构为高周期 LIPSS(high-spatial-frequency LIPSS,HSFL);若结构的周期 Λ 与波长 λ 的比例满足 $0.4 < \Lambda/\lambda < 1$,则称这种结构为低周期 LIPSS(low-spatial-frequency LIPSS, LSFL)。

在飞秒激光的辐照下,LIPSS 在各种材料的表面均可产生,包括金属、半导体、电介质和聚合物等。若激光的能量密度与材料的烧蚀阈值接近,可以观察到 HSFL,而诱导 LSFL 则需要较高的能量密度。图 4.6 给出了飞秒激光在氧化锌表面诱导的周期性结构[17],从图中可以看出 HSFL 和 LSFL 同时在激光作用范围内存在。激光焦斑中心区域的能量密度较高,结构的周期较低;而边缘区域的能量密度较低,接近于烧蚀阈值,波纹结构的周期较高。

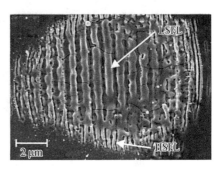

图 4.6 飞秒激光在氧化锌表面诱导的周期性结构的电子显微图像[17]

表 4.1 给出了在脉宽为 100 fs,重复频率为 1 kHz 的飞秒激光辐照下,不同材料表面在其各自的烧蚀阈值附近形成的 LIPSS 的周期[18-20]。这些材料包括金属、合金、透明介质、聚合物以及半导体材料。图 4.7 则给出了利用飞秒激光在不同材料表面产生的亚波长周期性结构的形貌图[21-23]。从图 4.7 和表 4.1 中可以看出在所有的样品上,所形成波纹结构的周期均小于激光的波长。由于材料以及激光波长的不同,周期的变化范围在 139~670 nm,而且波纹的方向均与激光的偏振方向垂直。

表 4.1 不同材料表面形成的周期结构的周期[18-20]

材料	激光波长 /nm	结构周期 /nm
SiO_2	800	189
LiF	800	215
LiF	400	139
MgF_2	800	235
Al_2O_3	800	276
ZBLAN	800	312
PTFE	800	338
Si	800	532
Al	800	540
Al+Pt 膜	800	590
Cu	800	600
Cu+Pt 膜	800	670
WC-Co	800	630
Ti(C,N)	800	620
TiN	800	600

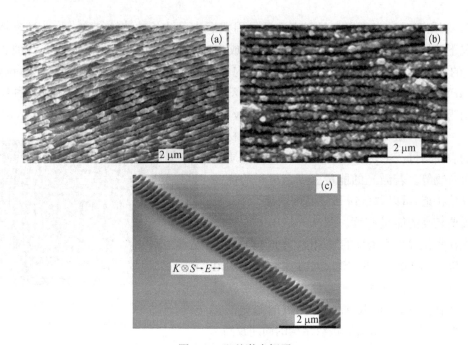

图 4.7 飞秒激光辐照

(a) 硒化锌；(b) 钢片；(c) 石英玻璃表面产生的波纹结构形貌[21-23]

不同材料表面的 LIPSS 的产生和演化过程有着相似的特征。研究结果表明，只有在辐照的脉冲数累积到一定数量时，才能在材料表面诱导 LIPSS[24-26]。在开始的少数几个脉冲辐照之后，材料表面会随机地出现纳米量级的突起或孔洞结构。随着脉冲数量的增加，在初始形成的纳米突起或孔洞的基础上，会逐渐形成纳米量级的周期性结构。形成比较规则的波纹结构所需的脉冲数与材料的性质和激光的参数有关。图 4.8 给出了随着脉冲数量的增加，在钛表面诱导的波纹结构的形成与演化过程[26]。

文献[27]详细讨论了利用飞秒激光在不同材料表面诱导波纹结构的周期与辐照脉冲数量之间的关系，研究的材料包括介电材料(ZnO，ZnSe，SiC，钻石)、半导体(Si 和 GaAs)、导体(石墨、黄铜)等。一般情况下，波纹结构的周期会随着辐照脉冲数的增加而减小。当脉冲数较大时，波纹周期会与波长的偏离较大，而且周期随脉冲数减小的速率也逐渐趋于平缓直至饱和。有趣的是，波纹结构的周期与脉冲数的依赖关系对于电介质和半导体更为明显，对于导体则影响不大。

随着辐照脉冲能量密度的增加，在石英晶体和蓝宝石表面波纹结构的周期会随之增加[28,29]，而在石英玻璃、钛、铜等材料的表面则观察不到这种现象[30-32]。黄敏等通过辐照铜、硅和砷化镓等材料的表面系统研究了飞秒激光的能量密度与波纹结构形貌之间的关系[33]。结果表明随着辐照激光能量密度的增大，所诱导的波纹结构按照特殊的规律变化。通过对激光辐照的区域作傅里叶分析，发现当激光

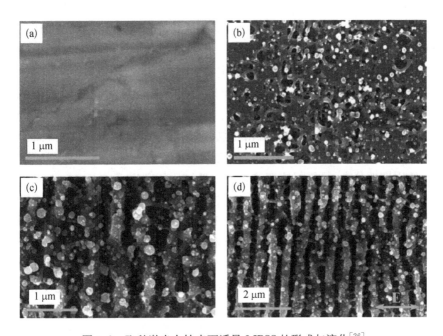

图 4.8　飞秒激光在钛表面诱导 LIPSS 的形成与演化[26]

(a) 未经激光辐照的样品表面;以及经过 2(b)、10(c)和 40(d)个飞秒激光脉冲辐照的样品表面

能量密度在较大的范围内变化时,波纹结构的空间频率 f 会非连续地按照 $2f$、f、$f/2$、$f/4$、$f/8$ 的序列逐步变化。对于特定的结构,随着激光能量密度的增加,波纹结构的周期会随之增加并逐渐趋于一特定数值。例如,对于 LSFL,其周期会在辐照能量密度较大的情况下趋于激光的波长。

4.3.2　飞秒激光诱导表面周期性结构的形成机理

利用纳秒或皮秒激光在材料表面诱导的周期性波纹结构的周期与波长接近,通常与辐照激光的波长满足关系 $\Lambda=\lambda/(1\pm\sin\theta)$[34],其中 Λ 为结构的周期,λ 为入射激光的波长,θ 为激光的入射角。人们通常将长脉冲激光诱导的表面波纹结构归因于入射光与材料表面的散射光之间的干涉[34]。利用飞秒激光可以在材料表面诱导周期远小于激光波长的纳米光栅结构,其形成机理与长脉冲激光诱导的 LSFL 的形成机理不同,其机理的讨论是一个复杂的课题,目前尚无统一的定论。下面简单地介绍近年来关于飞秒激光在材料表面诱导纳米光栅机理的研究进展。

Bonse 等在利用飞秒激光辐照磷化铟表面时,发现单个脉冲作用于材料表面时,产生的结构不具有任何周期性。然而在第二个脉冲作用之后,具有一定周期性的表面结构呈现出来[35]。因此,他们认为第一个脉冲产生了具有一定粗糙度的表面,并对后续的脉冲产生了散射。通过进一步的研究发现在辐照脉冲数量较少时,产生的 LSFL 的周期与波长相近,而在足够多的脉冲辐照之后,会产生周期小于波长的 HSFL,且 HSFL 的周期约为 LSFL 周期的一半。因此,他们认为入射光的二次谐波在纳米结构的形成过程中扮演了重要角色[35]。

飞秒激光与表面等离子体激元干涉作用理论是目前获得较多支持的理论[36-39]。黄敏等指出无论初始的表面是金属、半导体或电介质,被短脉冲激光辐照的表面会激发高浓度载流子并表现出金属性,这种表面可以满足产生表面等离子体激元的所需条件。飞秒激光与激发的表面等离子体激元发生干涉,造成能量在空间上的周期性分布,最终促成亚波长周期性结构的产生[36]。

Sakabe 等根据飞秒激光在金属表面诱导纳米光栅的特点,提出了不同的解释[40]。他们认为纳米光栅的形成与激光诱导的表面等离子体波有关。具体的物理过程如下:首先,飞秒激光在材料表面形成等离子体波;然后,局域的离子云发生库仑爆炸使得表面薄层被烧蚀,在前几个脉冲的作用下,光栅结构的间隙形成;最后,在后续的脉冲作用下,在初始形成的结构附近电场得到增强,促使光栅结构进一步形成。

自组织理论是另一种纳米光栅形成的可能机制[41-43]。这种理论认为当飞秒激光辐照材料表面时,表面处于高度不稳定的状态。刻蚀引起的表面粗糙化过程和原子扩散引起的表面平滑过程之间的竞争,会诱导表面周期性结构的产生。Varlamova 等利用自组织模型成功地模拟了表面纳米光栅的形成过程[43]。

4.4 硅表面微锥结构

Her 等在 1998 年首次报道了利用飞秒激光脉冲在含有卤素的气体(六氟化硫,SF_6)氛围中辐照硅片,可以在表面形成规则排列的微米量级锥形结构[44,45]。这种微锥结构通常在数百发飞秒激光脉冲的辐照下产生,其展现出的锐利度和自组织性是其他激光加工技术所无法完成的。有趣的是,经过飞秒激光辐照并诱导出微锥结构的硅片表面,其颜色由原本的灰色变成深黑色,如图 4.9(a)所示[46]。因此,这种材料也被形象地称作"黑硅"。在接下来的研究中,人们发现在多种半导体[48,49]和金属[50,51]表面也可以诱导类似的结构。而如果是在没有卤素存在的气体环境中辐照硅片,产生的微结构的锥度和规则性都要差很多。Zorba 等发现了这种微锥结构呈现出纳米量级的双重粗糙度[47,52-54],如图 4.9(b)所示[47]。可以看出其表面具有密集的锥形结构,而锥形结构的表面布满了纳米量级的突起。值得注意的是,这种具有微米纳米复合结构的硅表面和许多自然形成的生物表面具有很高的相似性[54],在光电子学、微流体和组织工程等多个研究领域有广泛的应用[55]。

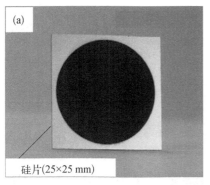 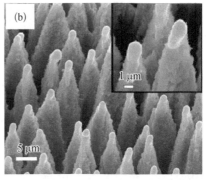

图 4.9 "黑硅"外观(a)[46]和"黑硅"表面微观结构电子显微图像(b)[47]

硅表面形成具有双重微结构的物理机制比较复杂,目前尚没有统一的解释。Michael 等指出微锥结构的形成与激光对硅衬底的烧蚀和融化,激光场中产生的反应离子和碎片对衬底的刻蚀,以及衬底烧蚀部分的再结晶等物理过程有关[56]。研究表明,微锥结构的大小和形貌与激光能量的密度、波长、脉冲宽度和气体氛围及压强等参数均有关[57-59]。因此,通过控制飞秒激光的参数,就可以实现对硅片表面形貌的定量调控。图 4.10(a)~(d)给出了相同脉冲数量不同能量密度的飞秒激光辐照下,硅表面微锥结构的特征[55],其脉冲能量密度分别为 0.37 J/cm²、0.78 J/cm²、1.56 J/cm²、2.47 J/cm²。在能量密度较低的情况下,表面产生起伏的形貌,并没有明显的锥状结构形成。随着能量密度增加到一定程度,表面形成明显的微锥结构。微锥的直径、高度随着激光能量的继续增加而增加,而单位面积内微锥的数量随之减小。当能量高于 1 J/cm² 时,微锥的高度稳定在 10 μm 左右。除了影响微锥的高度以外,激光的能量密度的增加也会使得微锥侧壁的亚微米结构更加明显。从图 4.10(a)~(d)中可以看出,微锥表面的尺度在数百纳米量级的突起在激光的能量密度较高时更为明显。微锥的形状以及微锥表面的纳米结构共同决定了表面的总体粗糙度。当激光脉冲的能量密度相同时,增加脉冲数也可以观察到类似的演化现象,研究表明微锥结构的尖峰高度与辐照的飞秒脉冲数呈现出非线性关系[60]。影响微锥结构形貌的另一个重要参数是激光的脉冲宽度。利用飞秒激光在 SF_6 中形成的微锥结构的高度在 10 μm 左右,且微锥的表面具有明显的纳米结构。而利用纳秒激光诱导的微锥结构的高度大约在 80 μm,且其表面比较光滑[56]。这种区别是由于利用飞秒激光诱导的微锥结构主要源自激光对硅片表面的烧蚀和刻蚀,而利用纳秒激光诱导微锥结构的过程中,材料的沉积起到了重要作用。气体氛围以及压强在加工过程中也起着重要的作用。在保持其他实验条件相同的前提下,在 SF_6 中形成的微锥结构比在氮气中要更加尖锐。微锥的表面纳米粗糙度也会随着 SF_6 压强的增加而变得更加明显[56]。

图 4.10 利用不同能量密度的飞秒激光在硅片表面诱导微锥结构的电子显微形貌图[55]

4.5 飞秒激光诱导表面微纳米结构的应用

4.5.1 材料表面光学特性调控

在自然界中,有许多原本没有颜色的材料由于其表面自然形成的微纳结构呈现出特定颜色[61]。这种本质上由材料的微纳结构呈现的颜色称为结构颜色。结构颜色通常是由光的衍射、散射或者薄膜结构的反射造成的。利用飞秒激光诱导表面微纳结构可以对材料表面进行结构性着色。在完成结构性着色的同时,材料的光学吸收率特性也会受到调控。下面以金属和半导体两种材料为例,介绍基于飞秒激光诱导微纳结构的材料着色技术。

1. 金属

利用飞秒激光诱导表面纳米结构,可以使得原本光亮的金属表面呈现出特定的颜色[62,63]。图 4.11(a)给出了经过特定参数的飞秒激光辐照呈现出金色的铝片表面[62],图 4.11(b)~(d)分别在不同尺度下给出了飞秒激光诱导的表面微纳形貌的电子显微图像。为了理解其表面呈现出金色的原因,图 4.12 给出了金色铝表面光学反射率的波长依赖关系的测量结果,从图中可以看出与未经飞秒激光处理的铝相比，金色铝在蓝绿光波段的吸收率较高，导致其表面呈现出金色。通过改变辐照激光的参数，可以使金属表面呈现出其他颜色。图 4.11(e)和(f)分别给出了经过不同参数的飞秒激光处理后，呈现出黑色和灰色的金属铝的表面形貌。从图 4.12 中可以看出，与未经处理的铝表面相比，灰色铝的光学反射率在整个波段均有明显的下降，且其反射率与波长近似成正比关系。而黑色铝的表面在整个波段的反射率几乎为零。

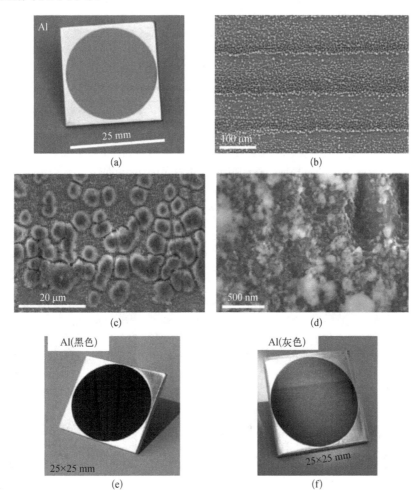

图 4.11 利用飞秒激光进行金属铝表面着色
(a) 金色铝形貌；(b)~(d) 不同放大倍率下金色铝的表面微米、纳米结构；(e) 黑色铝形貌；
(f) 灰色铝形貌[62]（后附彩图）

上面描述的金色铝、灰色铝和黑色铝在不同的观察角度呈现的颜色是不变的。研究表明，通过改变辐照飞秒激光的参数，该技术可以使铝表面在不同的观察角度呈现出不同的颜色[62]，如图 4.13(a)所示。图 4.13(b)给出了其表面微观形貌的电

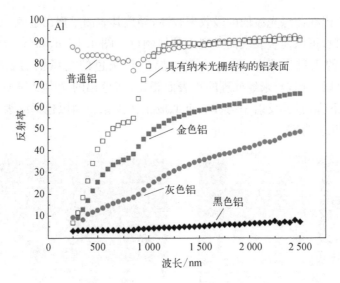

图 4.12 普通的铝表面以及金色、黑色、灰色和具有周期性结构的铝表面的反射率与波长的关系曲线[62]

图 4.13 有色铝金属表面
(a) 不同角度观察的有色铝表面;(b) 有色铝表面的微米、纳米结构的电子显微图像[62](后附彩图)

子显微图像。可以看出,经过飞秒激光处理的表面呈现出纳米量级的周期性结构,其周期为 540 nm。从图 4.12 中的反射率曲线可以看出,这种具有纳米量级的周期性结构的铝表面的反射率在 1 μm 以上的红外波段与未经处理的铝表面反射率相近,而在 800 nm~1 μm 其反射率有剧烈的下降。通过前面的讨论我们知道这种飞秒激光诱导的纳米量级的周期性结构的周期可以通过改变入射激光的波长、入射角以及能量密度等参数来调控。通过调控纳米结构的周期，就可以灵活地改变金属表面的光学特性。

基于飞秒激光的金属表面着色技术具有颜色方便调控、加工灵活等特点，在许多行业中有广阔的应用前景。近期的研究表明利用飞秒激光对白炽灯的钨丝表面进行黑化，可以将钨丝的辐射效率提高至接近100%，同时提高了白炽灯的亮度。该技术为更高亮度、更高发光效率以及发光光谱可控的热辐射光源的研究开辟了新的道路[64]。

2. 半导体

在4.4节中，已经阐明经过飞秒激光辐照后，原本光亮的硅片表面会变成深黑色，说明飞秒激光辐照会改变其表面的光学特性。图4.14给出了在不同气体氛围中利用飞秒激光辐照硅片之后，其表面的光谱吸收率曲线[65]。从图中可以看出，如果波长对应的光子能量大于硅的带隙（250 nm～1.1 μm），不同情况下硅片的吸收率均有明显的提高。这是由于入射光在硅片表面的微纳结构中多次反射，增强了硅表面对光的吸收造成的。对于波长对应的光子能量小于带隙的近红外波段（1.1～2.5 μm），在空气、氮气和氯气中处理的样品，其吸收率会有明显的下降，而在SF_6中处理的样品仍然保持90%以上的吸收率。这说明SF_6的气体氛围对于加工具有高近红外吸收率的表面有关键作用。对SF_6中制作的黑硅进行背向散射光谱分析表明其表面含有高浓度的硫元素[66,67]。硫掺杂构成的杂质能带使得硅片的带隙从1.1 eV降低到了0.4 eV[67]。杂质能带的存在很大程度地提高了黑硅对近红外光谱的吸收率。

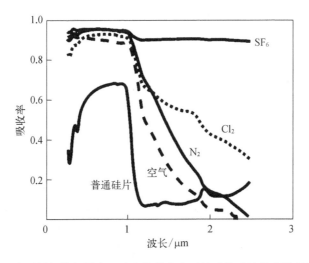

图4.14　在不同气体氛围中经过飞秒激光表面处理的硅片的光谱吸收率[65]

黑硅独特的光学特性使其在光电子行业中具有巨大的应用前景。James 等利用黑硅制造了高灵敏度硅基可见光和近红外光电二极管。与商用硅基光电二极管相比，利用黑硅制作的光电二极管的灵敏度在可见光波段提高了两个量级，在近红外波段提高了 5 个量级[68]。因此黑硅可以将硅基光电探测器的光谱响应范围扩展到红外波段。利用黑硅制作的场发射器件具有极低的开启电场和较高的发射电流[69]。由于在可见和红外波段具有较高的光谱吸收率，黑硅有望在光伏产业中大大提高硅基太阳能电池的光电转换效率[70]。目前美国已经开始研制商业化黑硅晶片，并将会把成品应用于下一代红外成像系统中。

4.5.2　表面浸润特性调控

近年来，利用飞秒激光诱导表面微纳结构来调控固体材料的浸润特性是飞秒激光微纳加工领域的一个研究热点[71-74]。该技术可以被应用于如聚合物、半导体、陶瓷和金属等多种固体材料的表面，且可以从超疏水到超亲水的很大范围内调控材料表面的浸润性。基于以上优点，利用飞秒激光调控表面浸润特性在微流体、生物医学、生物传感等许多研究领域有着广阔的应用前景。

固体表面的浸润特性与材料表面的形貌密切相关。"荷叶效应"是其中一个著名的例子[75]。当水滴划过荷叶的表面时，会带走表面的灰尘颗粒从荷叶表面滑落，这种奇特的自然现象称作"荷叶效应"，也叫作自清洁效应。这种特殊性质源自荷叶表面特殊的微米纳米复合结构造成的超疏水特性，如图 4.15 所示。利用一定参数的飞秒激光在 SF_6 气体氛围中辐照硅片得到的人造仿生表面能以极高的相似度模仿这种特殊的表面结构及其超疏水性质[76]。图 4.15(e)～(f)给出了水滴与人造表面接触的图像。经过测量得到水滴与人造表面的接触角约为 154°，与天然的荷叶极为相近，如图 4.15(a)和(b)所示。人造表面的微观形貌如图 4.15(g)和(h)所示，其表面具有密集的尖峰结构，而且尖峰结构的表面布满了纳米量级的突起，与天然的荷叶表面极为相似，如图 4.15(c)～(d)所示。对比图 4.15(a)～(d)和(e)～(h)可以看出，人造表面和天然的荷叶表面在微观形貌和表面浸润特性上均具有极高的相似度。

利用飞秒激光诱导的特殊微纳结构可以使得原本规则的金属或硅表面具有超毛细的奇特性质[77,78]。图 4.16 给出了一个典型的例子[78]，利用飞秒激光在硅片表面诱导多重微槽。利用电子显微镜观察其表面形貌可以看出其沟槽的峰谷之上均叠加了多重的微纳米结构。通过实验演示可以看出液体在这种表面上可以摆脱重力而垂直向上运动。更有趣的是，如果将此表面的底部置于水槽之中，液体会摆脱重力向上运动至高出。由于超强的毛细效应，只要经过处理的硅片底部被浸入液体中，其表面会一直保持湿润。这个实验表明飞秒激光表面微纳加工技术使具有定向浸润特性的人造表面的制备成为可能。

图 4.15 "荷叶效应"示意图[76]

(a)~(d)为天然荷叶表面;(e)~(h)为利用飞秒激光加工得到的仿生表面;(c)、(d)、(g)、(h)中的标尺分别为 10 μm、1 μm、5 μm、1 μm

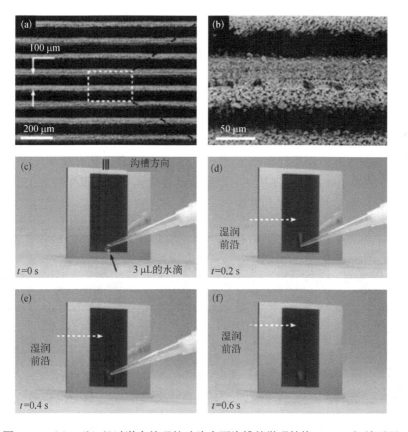

图 4.16 (a)~(b)经过激光处理的硅片表面沟槽的微观结构;(c)~(f)演示了水滴克服重力沿着沟槽垂直的方向向上运动的过程[78]

4.5.3 生物化学应用

表面增强拉曼散射(surface enhanced Raman spectroscopy,SERS)是分子探测的重要手段。Dai 等利用飞秒激光直接在银膜表面诱导不规则纳米结构并将其应用到 SERS 中,使 SERS 信号的强度提高了 10^5 量级[79]。Lin 等用飞秒激光在硝酸银溶液中辐照硅片表面,在硅片表面诱导纳米量级的周期性结构,同时利用光致还原效应在表面析出银纳米颗粒。将这种具有特殊表面纳米结构的硅片作为 SERS 基底可以使 SERS 信号提高 10^9 倍以上[80]。这些结果表明飞秒激光表面处理技术为具有 SERS 功能的微型芯片的制备提供了有效的方法。

利用飞秒激光在材料表面诱导微纳结构近年来被广泛地应用于生物兼容材料(biocompatible materials)的设计[81-84]。利用飞秒激光在材料表面诱导微纳结构可以被用来设计人造生物支架,其最终的设计目的是模仿细胞生长的自然环境,使细胞在与有机活体相似的环境中生长。图 4.17 给出了纤维细胞在不同参数的飞秒激光辐照过的硅片表面黏附生长的实验结果[83]。图 4.17(a)给出了在不同能量密度的飞秒激光辐照下,硅片表面微观形貌的电子显微图像。如前所述,硅片表面的粗糙度可以通过辐照激光的能量密度来定量调控,而不同程度的表面粗糙度会影响生物细胞的吸附和生长特性。图 4.17(b)给出了在每个粗糙度的表面,纤维细胞生长 72 h 之后的光学显微图像。图 4.18 给出了每个表面的细胞平均密度随入射激光能量密度的关系曲线。该结果表明随着表面粗糙度的增加,单位面积的细胞数量随之先增加后减少,说明细胞对表面的附着性与表面粗糙度之间的关系并不单调。只有在特定粗糙度的情况下,纤维细胞对表面具有最佳的附着性。因此,利用飞秒激光的表面处理技术可以制备具有最佳生物依附性的人工表面,为人造生物支架的制备提供了有力工具。

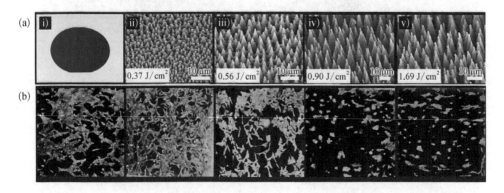

图 4.17 未经处理的硅片以及经过不同能量密度的飞秒激光处理的硅片表面微观形貌图(a);在与(a)对应表面上,纤维细胞生长 72 h 之后的光学显微图像(b)[83]

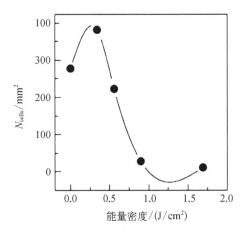

图 4.18 纤维细胞密度与辐照激光能量密度之间的关系曲线[83]

参 考 文 献

[1] Born M, Wolf E. Principles of optics: electromagnetic theory of propagation, interference and diffraction of light. CUP Archive, 2000.

[2] Corkum P B, Brunel F, Sherman N K, et al. Thermal response of metals to ultrashort-pulse laser excitation. Physical Review Letters, 1988, 61: 2886.

[3] Lin Z, Zhigilei L V, Celli V. Electron-phonon coupling and electron heat capacity of metals under conditions of strong electron-phonon nonequilibrium. Physical Review B, 2008, 77: 075133.

[4] Krüger J, Dufft D, Koter R, et al. Femtosecond laser-induced damage of gold films. Applied Surface Science, 2007, 253: 7815 - 7819.

[5] Ni X, Wang C, Yang L, et al. Parametric study on femtosecond laser pulse ablation of Au films. Applied Surface Science, 2006, 253: 1616 - 1619.

[6] Venkatakrishnan K, Stanley P, Lim L E N. Femtosecond laser ablation of thin films for the fabrication of binary photomasks. Journal of Micromechanics and Microengineering, 2002, 12: 775.

[7] Koch J, Korte F, Bauer T, et al. Nanotexturing of gold films by femtosecond laser-induced melt dynamics. Applied Physics A, 2005, 81: 325 - 328.

[8] Ivanov D S, Rethfeld B, O'Connor G M, et al. The mechanism of nanobump formation in femtosecond pulse laser nanostructuring of thin metal films. Applied Physics A, 2008, 92: 791 - 796.

[9] Chichkov B N, Momma C, Nolte S, et al. Femtosecond, picosecond and nanosecond laser ablation of solids. Applied Physics A, 1996, 63: 109 - 115.

[10] Kamlage G, Bauer T, Ostendorf A, et al. Deep drilling of metals by femtosecond laser pulses. Applied Physics A, 2003, 77: 307 - 310.

[11] Rizvi N H. Femtosecond laser micromachining: Current status and applications. Riken Review, 2003: 107-112.

[12] Birnbaum M, Semiconductor surface damage produced by ruby lasers. Journal of Applied Physics, 1965, 36: 3688.

[13] Van Driel H M, Sipe J E, Young J F. Laser-induced periodic surface structure on solids: a universal phenomenon. Physical Review Letters, 1982, 49: 1955.

[14] Huang M, Zhao F, Cheng Y, et al. Large area uniform nanostructures fabricated by direct femtosecond laser ablation. Optics Express, 2008, 16: 19354-19365.

[15] Qi L, Nishii K, Namba Y. Regular subwavelength surface structures induced by femtosecond laser pulses on stainless steel. Optics Letters, 2009, 34: 1846-1848.

[16] Wagner R, Gottmann J, Horn A, et al. Subwavelength ripple formation induced by tightly focused femtosecond laser radiation. Applied Surface Science, 2006, 252: 8576-8579.

[17] Dufft D, Rosenfeld A, Das S K, et al. Femtosecond laser-induced periodic surface structures revisited: a comparative study on ZnO. Journal of Applied Physics, 2009, 105: 034908.

[18] Wagner R, Gottmann J. Sub-wavelength ripple formation on various materials induced by tightly focused femtosecond laser radiation. Journal of Physics: Conference Series. IOP Publishing, 2007, 59: 333.

[19] Nakashima T, Sano T, Nishiuchi S, et al. Influence of thin metallic film onformation of periodic nanostructure on metals induced by femtosecond laser pulses. The 6th Asia Pacific Laser Symposium (Technical Digest), Nagoya, Japan 2008, 127.

[20] Dumitru G, Romano V, Weber H P, et al. Femtosecond ablation of ultrahard materials. Applied Physics A, 2002, 74: 729-739.

[21] Jia T Q, Chen H X, Huang M, et al. Formation of nanogratings on the surface of a ZnSe crystal irradiated by femtosecond laser pulses. Physical Review B, 2005, 72: 125429.

[22] Hou S, Huo Y, Xiong P, et al. Formation of long-and short-periodic nanoripples on stainless steel irradiated by femtosecond laser pulses. Journal of Physics D: Applied Physics, 2011, 44: 505401.

[23] Liang F, Vallée R, Chin S L. Pulse fluence dependent nanograting inscription on the surface of fused silica. Applied Physics Letters, 2012, 100: 251105.

[24] Borowiec A, Haugen H K. Subwavelength ripple formation on the surfaces of compound semiconductors irradiated with femtosecond laser pulses. Applied Physics Letters, 2003, 82: 4462-4464.

[25] Vorobyev A Y, Makin V S, Guo C. Periodic ordering of random surface nanostructures induced by femtosecond laser pulses on metals. Journal of Applied Physics, 2007, 101: 034903.

[26] Vorobyev A Y, Guo C. Femtosecond laser structuring of titanium implants. Applied Surface Science, 2007, 253: 7272-7280.

[27] Huang M, Zhao F, Cheng Y, et al. Origin of laser-induced near-subwavelength ripples:

interference between surface plasmons and incident laser. Acs Nano, 2009, 3: 4062 - 4070.

[28] Höhm S, Rosenfeld A, Krüger J, et al. Femtosecond laser-induced periodic surface structures on silica. Journal of Applied Physics, 2012, 112: 014901.

[29] Buividas R, Rekštytė S, Malinauskas M, et al. Nano-groove and 3D fabrication by controlled avalanche using femtosecond laser pulses. Optical Materials Express, 2013, 3: 1674 - 1686.

[30] Sun Q, Liang F, Vallée R, et al. Nanograting formation on the surface of silica glass by scanning focused femtosecond laser pulses. Optics letters, 2008, 33: 2713 - 2715.

[31] Bonse J, Höhm S, Rosenfeld A, et al. Sub-100 - nm laser-induced periodic surface structures upon irradiation of titanium by Ti: sapphire femtosecond laser pulses in air. Applied Physics A, 2013, 110: 547 - 551.

[32] Sakabe S, Hashida M, Tokita S, et al. Mechanism for self-formation of periodic grating structures on a metal surface by a femtosecond laser pulse. Physical Review B, 2009, 79: 033409.

[33] Huang M, Zhao F, Cheng Y, et al. The morphological and optical characteristics of femtosecond laser-induced large-area micro/nanostructures on GaAs, Si, and brass. Optics Express, 2010, 18: A600 - A619.

[34] Young J F, Preston J S, Van Driel H M, et al. Laser-induced periodic surface structure. II. Experiments on Ge, Si, Al, and brass. Physical Review B, 1983, 27: 1155.

[35] Bonse J, Munz M, Sturm H. Structure formation on the surface of indium phosphide irradiated by femtosecond laser pulses. Journal of Applied Physics, 2005, 97: 013538.

[36] Huang M, Zhao F, Cheng Y, et al. Origin of laser-induced near-subwavelength ripples: interference between surface plasmons and incident laser. Acs Nano, 2009, 3: 4062 - 4070.

[37] Bonse J, Rosenfeld A, Krüger J. On the role of surface plasmonpolaritons in the formation of laser-induced periodic surface structures upon irradiation of silicon by femtosecond-laser pulses. Journal of Applied Physics, 2009, 106: 104910.

[38] Garrelie F, Colombier J P, Pigeon F, et al. Evidence of surface plasmon resonance in ultrafast laser-induced ripples. Optics Express, 2011, 19: 9035 - 9043.

[39] Han Y, Qu S. The ripples and nanoparticles on silicon irradiated by femtosecond laser. Chemical Physics Letters, 2010, 495: 241 - 244.

[40] Sakabe S, Hashida M, Tokita S, et al. Mechanism for self-formation of periodic grating structures on a metal surface by a femtosecond laser pulse. Physical Review B, 2009, 79: 033409.

[41] Reif J, Varlamova O, Costache F. Femtosecond laser induced nanostructure formation: self-organization control parameters. Applied Physics A, 2008, 92: 1019 - 1024.

[42] Reif J, Varlamova O, Varlamov S, et al. The role of asymmetric excitation in self-organized nanostructure formation upon femtosecond laser ablation. Applied Physics A, 2011, 104: 969 - 973.

[43] Varlamova O, Reif J, Varlamov S, et al. The laser polarization as control parameter in the formation of laser-induced periodic surface structures: Comparison of numerical and experimental results. Applied Surface Science, 2011, 257: 5465 - 5469.

[44] Her T H, Finlay R J, Wu C, et al. Microstructuring of silicon with femtosecond laser pulses. Applied Physics Letters, 1998, 73: 1673.

[45] Her T H, Finlay R J, Wu C, et al. Femtosecond laser-induced formation of spikes on silicon. Applied Physics A, 2000, 70: 383 - 385.

[46] Vorobyev A Y, Guo C. Direct creation of black silicon using femtosecond laser pulses. Applied Surface Science, 2011, 257: 7291 - 7294.

[47] Barberoglou M, Zorba V, Stratakis E, et al. Bio-inspired water repellent surfaces produced by ultrafast laser structuring of silicon. Applied Surface Science, 2009, 255(10): 5425 - 5429.

[48] Spanakis E, Dialektos J, Stratakis E, et al. Ultraviolet laser structuring of silicon carbide for cold cathode applications. Physica Status Solidi, 2008, 5: 3309 - 3313.

[49] Nayak B K, Gupta M C, Kolasinski K W. Spontaneous formation of nanospiked microstructures in germanium by femtosecond laser irradiation. Nanotechnology, 2007, 18: 195302.

[50] Nayak B K, Gupta M C. Self-organized micro/nano structures in metal surfaces by ultrafast laser irradiation. Optics and Lasers in Engineering, 2010, 48: 940 - 949.

[51] Dolgaev S I, Lavrishev S V, Lyalin A A, et al. Formation of conical microstructures upon laser evaporation of solids. Applied Physics A, 2001, 73: 177 - 181.

[52] Zorba V, Stratakis E, Barberoglou M, et al. Tailoring the wetting response of silicon surfaces via fs laser structuring. Applied Physics A, 2008, 93: 819 - 825.

[53] Zorba V, Persano L, Pisignano D, et al. Making silicon hydrophobic: wettability control by two-lengthscale simultaneous patterning with femtosecond laser irradiation. Nanotechnology, 2006, 17: 3234.

[54] Zorba V, Stratakis E, Barberoglou M, et al. Biomimetic artificial surfaces quantitatively reproduce the water repellency of a lotus leaf. Advanced Materials, 2008, 20: 4049 - 4054.

[55] Stratakis E, Ranella A, Fotakis C. Biomimetic micro/nanostructured functional surfaces for microfluidic and tissue engineering applications. Biomicrofluidics, 2011, 5: 013411.

[56] Sheehy M A, Winston L, Carey J E, et al. Role of the background gas in the morphology and optical properties of laser-microstructured silicon. Chemistry of Materials, 2005, 17: 3582 - 3586.

[57] Zorba V, Tzanetakis P, Fotakis C, et al. Silicon electron emitters fabricated by ultraviolet laser pulses. Applied Physics Letters, 2006, 88: 081103.

[58] Crouch C H, Carey J E, Warrender J M, et al. Comparison of structure and properties of femtosecond and nanosecond laser-structured silicon. Applied Physics Letters, 2004, 84: 1850 - 1852.

[59] Zorba V, Boukos N, Zergioti I, et al. Ultraviolet femtosecond, picosecond and nanosecond laser microstructuring of silicon: structural and optical properties. Applied Optics, 2008, 47: 1846-1850.

[60] 阮召菘,彭滟,朱亦鸣,等. 飞秒激光烧蚀硅表面产生微纳结构过程中激光脉冲数目的影响. 光学技术, 2011, 37: 245-248.

[61] Parker A R. 515 million years of structural colour. Journal of Optics A: Pure and Applied Optics, 2000, 2: R15.

[62] Vorobyev A Y, Guo C. Colorizing metals with femtosecond laser pulses. Applied Physics Letters, 2008, 92: 041914.

[63] Vorobyev A Y, Guo C. Spectral and polarization responses of femtosecond laser-induced periodic surface structures on metals. Journal of Applied Physics, 2008, 103: 043513.

[64] Vorobyev A Y, Makin V S, Guo C. Brighter light sources from black metal: significant increase in emission efficiency of incandescent light sources. Physical Review Letters, 2009, 102: 234301.

[65] Younkin R, Carey J E, Mazur E, et al. Infrared absorption by conical silicon microstructures made in a variety of background gases using femtosecond-laser pulses. Journal of Applied Physics, 2003, 93: 2626-2629.

[66] Wu C, Crouch C H, Zhao L, et al. Near-unity below-band-gap absorption by microstructured silicon. Applied Physics Letters, 2001, 78: 1850-1852.

[67] Crouch C H, Carey J E, Shen M, et al. Infrared absorption by sulfur-doped silicon formed by femtosecond laser irradiation. Applied Physics A, 2004, 79: 1635-1641.

[68] Carey J E, Crouch C H, Shen M, et al. Visible and near-infrared responsivity of femtosecond-laser microstructured silicon photodiodes. Optics Letters, 2005, 30: 1773-1775.

[69] Carey J E, Zhao L, Wu C. Field emission from silicon microstructures formed by femtosecond laser assisted etching. Lasers and Electro-Optics, 2001. CLEO'01. Technical Digest. Summaries of Papers Presented at the Conference on. IEEE, 2001: 555-556.

[70] Carey III J E. Femtosecond-laser microstructuring of silicon for novel optoelectronic devices. Harvard University Cambridge, Massachusetts, 2004.

[71] Baldacchini T, Carey J E, Zhou M, et al. Superhydrophobic surfaces prepared by microstructuring of silicon using a femtosecond laser. Langmuir, 2006, 22: 4917-4919.

[72] Pogreb R, Whyman G, Barayev R, et al. A reliable method of manufacturing metallic hierarchical superhydrophobic surfaces. Applied Physics Letters, 2009, 94: 1902.

[73] Vorobyev A Y, Guo C. Laser turns silicon superwicking. Optics Express, 2010, 18: 6455-6460.

[74] Wu B, Zhou M, Li J, et al. Superhydrophobic surfaces fabricated by microstructuring of stainless steel using a femtosecond laser. Applied Surface Science, 2009, 256: 61-66.

[75] Barthlott W, Neinhuis C. Purity of the sacred lotus, or escape from contamination in

biological surfaces. Planta, 1997, 202: 1-8.

[76] Zorba V, Stratakis E, Barberoglou M, et al. Biomimetic artificial surfaces quantitatively reproduce the water repellency of a lotus leaf. Advanced Materials, 2008, 20: 4049-4054.

[77] Vorobyev A Y, Guo C. Metal pumps liquid uphill. Applied Physics Letters, 2009, 94: 224102.

[78] Vorobyev A Y, Guo C. Laser turns silicon superwicking. Optics Express, 2010, 18: 6455-6460.

[79] Dai Y, He M, Bian H, et al. Femtosecond laser nanostructuring of silver film. Applied Physics A, 2012, 106: 567-574.

[80] Lin C H, Jiang L, Chai Y H, et al. One-step fabrication of nanostructures by femtosecond laser for surface-enhanced Raman scattering. Optics Express, 2009, 17: 21581-21589.

[81] Yang Y, Yang J, Liang C, et al. Surface microstructuring of Ti plates by femtosecond lasers in liquid ambiences: a new approach to improving biocompatibility. Optics Express, 2009, 17: 21124-21133.

[82] Fadeeva E, Schlie S, Koch J, et al. Femtosecond laser-induced surface structures on platinum and their effects on surface wettability and fibroblast cell proliferation. CRC Press: Boca Raton, FL, USA, 2009.

[83] Ranella A, Barberoglou M, Bakogianni S, et al. Tuning cell adhesion by controlling the roughness and wettability of 3D micro/nano silicon structures. Actabiomaterialia, 2010, 6: 2711-2720.

[84] Papadopoulou E L, Samara A, Barberoglou M, et al. Silicon scaffolds promoting three-dimensional neuronal web of cytoplasmic processes. Tissue Engineering Part C: Methods, 2009, 16: 497-502.

第 5 章

基于双光子聚合的飞秒激光三维直写

5.1 双光子聚合的原理

激光立体光刻(laser stereolithography)的最初概念是在1981年提出的,早期采用的是紫外光源[1]。该技术利用聚焦的氦镉激光(波长325 nm),通过扫描聚焦点对固定在升降平台上的容器里的光敏环氧树脂(photocurable epoxy resin)的表层进行固化。激光扫描前,环氧树脂为液态;激光扫描后,光敏环氧树脂经过单光子吸收过程被转变为固态。在激光连续扫描过程中,利用事先设定的程序对电子光闸进行可控的开关切换,可以在液态树脂表层实现任意的二维图形。一旦完成对表面的一次扫描,平台即略微下降,形成新的液态表层。通过重复上述扫描过程,可再次在该层上获得新的固态图形。通过逐层固化并叠加预先设计的二维图形,可以生成任意的三维结构。目前,这种三维结构快速成型的激光立体光刻技术已经商业化,在设计验证、性能测试、医学模具等方面获得广泛应用。

利用对光敏环氧树脂透射的长波长近红外飞秒激光,可以通过非线性双光子吸收(two-photon absorption)效应,直接在树脂内部实现材料固化,制备出三维结构[2-5]。该技术被称为双光子聚合(two-photon polymerization, TPP),其基本概念见图5.1。当飞秒激光聚焦到液态树脂材料中时,树脂分子中的光敏基团通过双光子吸收作用到达激发态,这些激发态的基团会发射覆盖紫外到可见光波段的荧光。单体分子中具有良好光化学反应性质的光敏引发分子I(photoinitiator)吸收荧光并产生一些起始基团。随后,起始基团与单体分子或低聚物分子反应生成

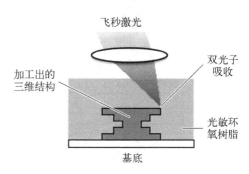

图 5.1 飞秒激光在光敏环氧树脂里面三维直写的示意图[8]

单体基团,其结构通过链式反应不断加长,直到两个单体基团相接触链式反应才将得以终止[6,7]。整个双光子聚合作用过程可用如下三步反应来描述[2]:

$$起始:S \xrightarrow{h\nu,\ h\nu} S^* \cdots \xrightarrow{I} I^* \longrightarrow R\cdot$$

$$加长:R\cdot + M \longrightarrow RM\cdot \xrightarrow{M} RMM \cdots \longrightarrow RM_n\cdot$$

$$终止:RM_n\cdot + RM_m\cdot \longrightarrow RM_{n+m}R$$

上述三步描述了光敏分子 S(photosensitizer)、光敏起始分子 I、起始基团 R(radical)和单体分子 M(monomer)之间的相互反应,其中 S^* 和 I^* 分别表示通过双光子吸收后的激发态的光敏分子和光敏起始分子。

飞秒激光双光子聚合微加工精度可以突破衍射极限,适当控制激光强度使其略高于 TPP 作用阈值可以加工出尺寸大小仅为 120 nm 的体素(voxel),它远远小于相应波长的衍射极限尺寸(约 460 nm)。此外体素尺寸大小还和单脉冲能量以及曝光时间有一定的关系[6]。

单点曝光体素是利用 TPP 技术制作微结构的基本单位,利用激光扫描可以将预先设计好的 CAD 图形写入聚合物中,这种扫描主要有两种模式——线栅扫描(raster scanning)和轮廓扫描[counter scanning,又叫矢量扫描(vector scanning)][7]。在前一扫描模式下,微结构中的所有体素均被激光扫描到,而在后者中聚焦光束仅扫描微结构体的轮廓体素,因此具有较高效率。纳米复制印刷技术(nano-replication printing,nRP)就是利用线栅扫描模式在玻璃基底上制备出复杂的二维图案,即将二色位图通过编码转化为体素矩阵(白色像素"0"表示没有激光辐照,黑色像素"1"表示有激光辐照),图 5.2 描述了这种制备过程。

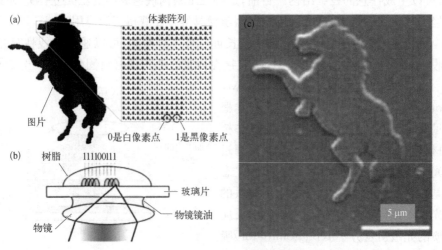

图 5.2 "马"位图的体素编码转换(a);光栅扫描纳米复制印刷过程(b);复制图案的 SEM 图像(c)[7]

三维微结构的制备是通过二维结构的逐层叠加得到的,即待前一层结构固化后移动平移台以调整聚焦深度,整个三维结构可以用这种方法逐层加工完成。为了使制备出来的立体结构能够在空气或液体环境中很好地支撑在基底上,可以用汞灯进一步固化以避免发生形变。这是一步单光子曝光过程,技术相当简单[6],利用这种方法还可以加工出许多各种各样的三维微结构(图 5.3)。为了进一步提高加工效率,一些简单的三维结构还可以用微透镜阵列来实现并行处理,即可以同时制备许多个相同的微结构[9,10]。

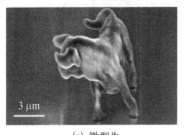 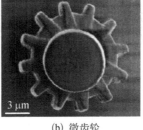 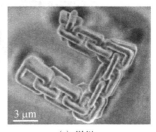

(a) 微型牛　　　　　　　(b) 微齿轮　　　　　　　(c) 微链

图 5.3　TPP 方法制备的立体结构 SEM 图像[6]

通常也用光刻胶(resist)替代环氧树脂来进行三维微纳结构的直写加工。通过选择负性或者正性光刻胶(negative or positive resist),不仅能像环氧树脂那样自下向上进行增材加工(负性光刻胶),也可以自上向下进行去材加工(正性光刻胶)。例如,通常选择正性光刻胶来加工出嵌在材料内部的中空微通道[5]。

5.2　双光子聚合的分辨率

借助于飞秒激光诱导的双光子聚合反应中的阈值效应,可以突破衍射极限从而制备出亚波长甚至更小的微纳结构。利用波长 800 nm 的近红外激光实现的双光子聚合的横向分辨率(在与激光传播方向垂直平面上)可以很稳定地达到 100～200 nm[11,12]。而纵向分辨率(在沿着激光传播方向上的分辨率)比横向分辨率通常要大几倍,这是因为光强在焦斑半径方向(横向)和瑞利长度方向(纵向)上的空间分布尺寸通常情况下并不相等[13,14]。

借助于双光子聚合反应对激光沉积剂量的非线性依赖关系,Tan 等通过精确控制飞秒激光的光强和扫描速度,可以把双光子聚合的加工分辨率提高到激光波长(800 nm)的 1/50,并加工出聚合物纳米线[15]。图 5.4(a)给出了利用双光子聚合加工的宽度为 23 nm 的聚合物纳米线,所用的激光功率为 30 mW,扫描速度为 600 μm/s。当把功率提高到 35 mW,扫描速度提高到 700 μm/s 时所加工的纳米线宽度可达 18 nm,如图 5.4(b)所示。但是飞秒激光输出功率总是存在一定的波动,而在光聚合反应所需要的阈值光强附近,双光子聚合过程对激光功率极其敏感,因此在加工分辨率如此高的情况下,加工的可重复性较差。

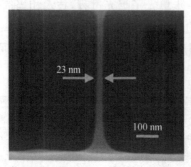
激光功率：30 mW；扫描速率：600 μm/s
(a)

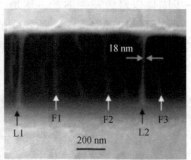
激光功率：35 mW；扫描速率：700 μm/s
(b)

图 5.4 不同激光功率和扫描速率加工出来的聚合线的电镜图[15]

为了进一步提高双光子聚合的加工分辨率,人们把受激发射损耗(stimulated emission depletion,STED)显微术的概念引入到双光子聚合加工中,利用材料在两束不同激光诱导下的激发和抑制效应,可以实现超分辨加工[16]。使用一束波长 800 nm 的飞秒激光诱导聚合物的交联反应,同时用另一束同波长的连续光抑制这一反应过程,最终叠加的效果是形成一个远小于单光束焦斑的聚焦点,实现多光子吸收聚合,其横向和纵向分辨率都远超 Abbe 光学衍射极限分辨率。该技术被称为通过光致抑制增大分辨率(resolution augmentation through photo-induced deactivation,RAPID)光刻技术[17]。相比于传统的双光子聚合,RAPID 光刻技术利用抑制光束来缩小激活光束的光致聚合范围,从而把加工分辨率提高到小于 100 nm(图 5.5),其分辨率与电子束刻蚀技术[图 5.5(a)]相当,但电子束刻蚀不具备三维加工能力。

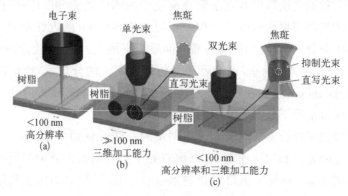

图 5.5 不同加工方法的比较
(a) 电子束刻；(b) 传统的双光子聚合(TPP)；(c) RAPID 光刻技术[18]

5.3 材料的功能化

在聚合物中集成光、电以及机械等功能对于很多应用都是非常必要的。然而在双光子聚合加工实验中常用的普通树脂材料，无法直接提供上述的特定功能。解决这一问题的主要途径是在普通树脂里，通过掺杂一定的特殊纳米材料来获得功能性聚合物材料。

双光子聚合已经在纳米半导体材料和聚合物的混合物中加工出三维多色发光微结构[19]。这种树脂里面包含有能合成硫化镉（CdS）纳米晶前驱体（镉丙烯酸甲酯，cadmium methacrylates）、单体（甲基丙烯酸和甲基丙烯酸甲酯，metharylic acid and methyl methacrylates）、低聚物（二季戊四醇，dipentaerythritol hexaacrylate）、光引发剂（苯甲基，benzyl，1wt.％）和光敏剂[2-苯甲基-2-(二甲基氨基)-4′-吗啉基苯基丁酮，2-benyl-2-(dimethylamino)-4′-morpholinobutyrophenone，1 wt.％]等多种组分。通过调整聚合物的交联密度，可以控制聚合物基体中合成的硫化镉纳米晶的尺寸。由于量子尺寸效应，可以通过控制纳米晶的大小来调谐其发出的荧光波长。图 5.6(a)给出了利用双光子聚合加工的纳米牛的电镜图和荧光显微照片。如图 5.6(a)所示，中间发出绿色荧光的纳米牛是用没有交联剂的树脂加工而成的。而右侧发出蓝绿色荧光的纳米牛是由掺入重量比为 48.7％的交联剂的树脂加工而成的。图 5.6(b)给出了利用同样方法加工的大小 15 μm 的蜥蜴。

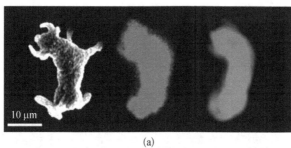

(a)

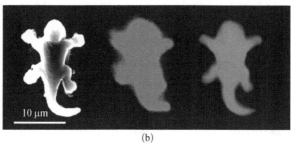

(b)

图 5.6　纳米牛(a)和纳米蜥蜴(b)的扫描电镜图及不含交联剂和含有交联剂的荧光照片[19]（后附彩图）

在普通树脂中掺杂了表面改性的 Fe_3O_4 纳米颗粒,通过双光子聚合可以加工成具有磁性的三维微纳结构,该结构可以由磁场力远程驱动[20]。Fe_3O_4 纳米颗粒是利用传统的马萨尔方法(Massart method)合成的。为了加工出具有磁性的微纳机械元件,可以把磁性的纳米颗粒混合到光聚合树脂(photopolymerizable resin)里。磁性纳米颗粒的最佳掺杂量大概是 2.40% 的重量比。使用这种具有磁性的光聚合树脂,飞秒激光直写可以加工出各种功能性微纳机械元件。可远程控制的微型涡轮机是一种有趣的微纳机械[21]。图 5.7 给出了一个根据预先设计好的模型[图 5.7(a)]加工成的微型涡轮机,其直径为 35 μm,由中间轮轴和三片扇叶组成。该微型涡轮机的转动可以用一块旋转的磁铁来控制,旋转速度在 0~6 rps 范围内可控。这种微型涡轮机可以应用于微纳机械和微流体等领域。

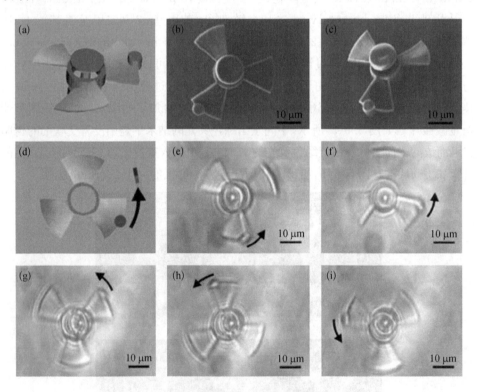

图 5.7 远程操控微型涡轮机[21]

(a) 设计的三维模型;(b)和(c) 微型涡轮机的扫描电镜图;(d) 微型涡轮机模型转动的俯视图;
(e)~(i) 在磁场驱动下微型涡轮机转动的光学照片

光敏剂(亚甲蓝,methylene blue)可以促使飞秒激光直写的蛋白质(牛血清白蛋白,bovine serum albumin)发生变化从而获得独特的光学特性,这些特性可以使其实现焦距可调的微透镜[22]。这种蛋白质微透镜浸在缓冲溶液中会发生形变,其形变程度取决于缓冲溶液的 pH。对于直径为 40 μm 的蛋白质微透镜,通过调节缓冲液 pH,可以使焦距在 400(pH 7.0)～600 μm(pH 13.0)范围内连续可调。这种独特的蛋白质微光学器件不仅动态可调,而且具有生物兼容性,在光流体系统中有广阔的应用前景。

5.4 光学元件的加工

微光学元件在光刻机系统、光学显微成像、光通信等领域具有广泛应用。飞秒激光直写可以加工出各种任意外形的二维或三维微光学器件。微型透镜和菲涅耳波带片都是重要的微光学部件,可以应用在激光光束整形和 X 射线成像上。Guo 等用 SCR500 树脂通过双光子聚合加工出球面微透镜和振幅型菲涅耳波带片[23]。直径 15 μm 的球面微透镜可以产生直径小于 0.5 μm 的焦斑,而直径 17 μm 的菲涅耳波带片可以产生直径小于 2 μm 的焦斑,与模拟结果均很好地符合。相比于振幅型菲涅耳波带片,相位型菲涅耳波带片具有更高的衍射效率。陈岐岱等通过双光子聚合加工得到衍射效率为 68% 的相位型菲涅耳波片[24]。该效率已经和使用传统平面光刻技术加工出来的菲涅耳波带片的衍射效率相当。目前,衍射效率高达 73.9% 的相位型菲涅耳波带片也已通过双光子聚合在 SU-8 树脂中加工出来了[25]。

除了菲涅耳波带片,双光子聚合还可以用来加工达曼光栅,这种光栅作为基本元件应用于分束和相干信号的产生[26]。当 632.8 nm 氦氖激光入射到能够产生 2×2、3×3、4×4、5×5 和 6×6 光斑阵列的达曼光栅上,获得的衍射效率分别为 36%、25%、29%、52% 和 49%。相比之下,这些光栅的理论衍射效率可分别达 81.06%、66.42%、70.63%、77.38% 和 84.52%。

双光子聚合的另一个更吸引人的应用是加工光子晶体。光子晶体具有特殊的三维电介质结构,可以产生光子带隙以阻止特定频率电磁波的传播[27,28]。光子晶体可以操控光的传播,是非常有用的光学元件。孙洪波等首次用双光子聚合加工出三维光子晶体[29],这种光子晶体有 20 层,每层平面内由等间距的聚合棒组成,截面面积为 40 μm×40 μm。他们分别加工出 1.2 μm、1.3 μm 和 1.4 μm 三种棒间距的光子晶体,具有预计的光子带隙,这三个光子晶体分别只有在波数为 2 553 cm^{-1}、2 507 cm^{-1}、2 454 cm^{-1} 的正入射时透射率很低,而这些波数在体块材料中都是可以透射的。双光子聚合加工能够以 100～200 nm 的分辨率加工任何形状的三维结构,因此可以加工出立方、堆叠和螺旋结构的光子晶体。这些结构中,螺旋结构具有很好的光学带隙性能,但是其不能用传统的逐层加工方法加工。如图 5.8(a)和(b)所示,Seet 等加工出 $a=1.8$ μm、$L=2.7$ μm 和 $c=3.04$ μm($L=1.5a$,$c=$

1.69a)的三维螺旋形光子晶体,整体大小为 $48~\mu m \times 48~\mu m \times 30~\mu m$[30]。图 5.8(c)是三种不同螺旋形光子晶体沿 z 轴方向测量得到的反射谱和透射谱,虚线代表反射率,实线代表透射率。这三种螺旋形光子晶体具有相同的结构但不同的晶格周期(分别为 $1.2~\mu m$、$1.5~\mu m$ 和 $1.8~\mu m$),图中可以看到这三种光子晶体分别在中心波长为 $3.8~\mu m$、$4.7~\mu m$ 和 $5.2~\mu m$ 处具有成对的透射谷和反射峰,这表明晶格周期越小,光子带隙的工作波长越短。在更短的波长范围内($1.5 \sim 2.5~\mu m$),同样可以观察到在中心波长为 $2.0~\mu m$ 和 $2.48~\mu m$ 处成对出现的透射谷和反射峰。在短波长范围内,具有最大晶格周期($a = 1.8~\mu m$)的光子晶体的光子带隙刚好落在 SU-8 吸收峰处,所以在图 5.8(c)中看不到透射谷和反射峰。通过在光子晶体中引入缺陷,使得只有特定波长的光才能沿着缺陷方向透射,从而形成波导,这也是光子晶体应用中的一项关键技术。如图 5.8(d)所示,双光子聚合可以在复杂的三维结构加工中引入一个 L 形缺陷,该缺陷是由样品上缺失的螺旋形结构形成的[31]。

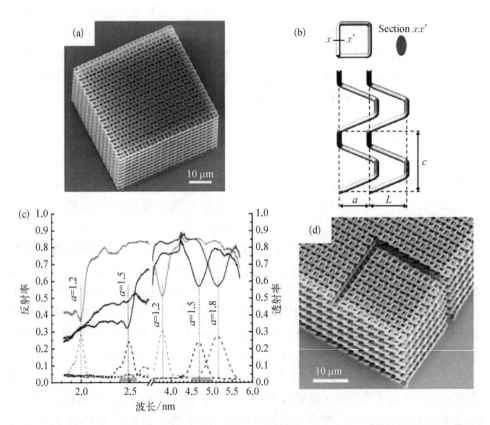

图 5.8 三维螺旋形光子晶体的扫描电镜图(a);光子晶体里单个螺旋单位的几何尺寸示意图(b);三种不同晶格周期螺旋形光子晶体的反射和透射光谱(c);利用 L 形缺陷作为波导的三维螺旋形光子晶体样品(d)[30]

5.5 微纳机械的加工

微纳机械已经在通信生物制药、能源领域、纺织和食物产业和安全等领域广泛应用，因而受到很大关注。很多情况下，它们由可移动的微型元件组成。因为光敏树脂具有高黏度，利用双光子聚合加工的三维元件可以悬浮在液态树脂原位置处不动，可以在该元件之上再制备出与之嵌套的其他元件，进而组合成可动的微机械器件[32]。

根据5.3节所述，由磁场力驱动的微型涡轮机可以利用双光子聚合方法在掺入 Fe_3O_4 纳米颗粒的光敏树脂里加工得到[20]。由同样工艺加工的微型弹簧也可以通过控制外加磁场把微型弹簧从原长 60 μm 拉长至 81 μm[21]。

聚合后的光敏树脂在可见光和近红外波段是透明的，因此可以用光力实现驱动[33]。图5.9(a)是由双光子聚合加工的光驱动微型针的扫描电镜图，图5.9(b)是光驱动微型针的三维示意图。微型针与基底和中心转轴不形成固定连接，可以独立活动。在加工过程中，液态树脂的高黏性可以将加工好的元件固定在原位置，因此这种独特结构可以实现。类似于光镊，在连续的钛宝石激光驱动下，微型针能够绕着基底上的固定轴做平移和圆周运动。该微型针可以用来操控液体中的微小颗粒，图5.9(c)和(d)展示了微型针针尖穿刺进入单个生物细胞。这种由光驱动的微纳机械可以应用于对活细胞和单分子的操控上。

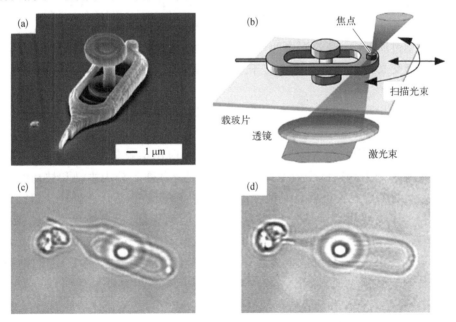

图5.9 双光子聚合加工的光驱动微型针的扫描电镜图(a)和三维示意图(b)；通过光驱动微型针在推动一个微型颗粒(c)；微型针针尖通过光驱动刺入细胞(d)[33]

微型泵是用于控制微流体器件内流体流速的一种重要组件。光驱动的微纳机械也可以作为一种微型泵,如图 5.10 所示。通过双光子聚合在一个微通道里把两个直径 9 μm 的微型转子集成在了一起[34],这两个转子是由一束激光分时扫描来协同驱动的。利用光驱动控制转子的转动,可以间接地带动液体中粒子的运动,粒子的运动速度被控制在 0.2~0.7 μm/s 范围内。

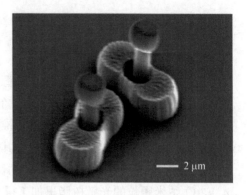

图 5.10 双光子聚合加工的微型泵的扫描电镜图[34]

5.6 微流体器件的加工

过去 20 年里,微流体器件因其低耗材、高速、高活性、高灵敏性、安全和环境友好等优良特性在化学、生物、医药、食品安全、环境科学和材料科学中发挥重大作用,从而引起了广泛关注。在正性光刻胶里,利用双光子效应可以产生掩埋在聚合物材料里的三维微流体结构。相反地,负性光刻胶或光敏树脂可以在事先制备的微流体通道中集成各种三维功能性的微流体单元结构[5]。目前,负性光刻胶或光敏树脂更受关注[35]。双光子聚合加工成的功能性微流体器件包括用于过滤微型颗粒的微型过滤器[36]、高效混合两种不同液体的微型混合器[21,37],以及分开不同液体的微型交叉管道[38]。更多的关于双光子聚合在微流体上的应用可以参见文献[39]。

在微通道里高效地混合不同液体是很重要的,而微流体通道特有的很小的雷诺数(Reynolds number)会导致层流效应。在微流体通道里,层流的液体很难得到很好地混合,因此制备微型混合器在微流体应用中就显得尤为重要。根据是否通过施加外力获得混合效率提升,微流体混合器通常分为主动和被动两种。5.5 节提到的微型涡轮机就是一种主动混合器,它需要磁场力来驱动。相反地,被动混合器不需要可移动部件和外力,所以其能耗更低,也更简单。如图 5.11 所示,通过双光子聚合可以把一个具有很多纳米尺寸的交叉支管的三维微型混合器集成到一个微米尺度的、上表面开放的微流体通道衬底上,而该微流体通道是利用传统光刻预先加工而成。集成后的器件用聚二甲基硅氧烷(PDMS)封装起来,只留一个入管口和出管口。经过测试,集成化之后的微流体器件的混合效率高达 93.9%[37]。

最近几年,利用双光子聚合直接在封闭的微流体通道里面集成功能性微型元

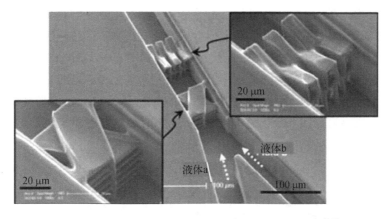

图 5.11 微流体通道上的多重交叉混合器扫描电镜图[37]

件的技术也得到广泛关注[40,41]。图 5.12 是一个微型过滤器集成在两个微流体通道交汇处的照片,照片里的插图是聚合物微结构的扫面电镜图,该微结构由双光子聚合加工而成,在这个三维的三角形结构上分布着很多 1.3 μm×1.3 μm 的方形孔。当悬浮的直径为 3 μm 聚苯乙烯小球的罗丹明(rhodamine)6G 分子溶液从微流体通道流过微型过滤器时,聚苯乙烯小球都被阻拦,只有更小的罗丹明分子可以通过。

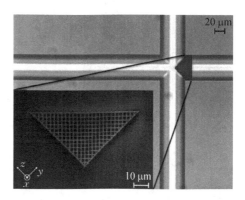

图 5.12 封闭的十字形微流通道中的微型过滤器显微图[40]

5.7 医学和生物组织工程中的应用

双光子聚合在生物医学上的应用也一直受到人们的关注,最典型的就是推进了医药元件微型化[42-44]。具有生物兼容性的光敏聚合物常被用来加工这些微型元件。图 5.13(a)展示了一个可植入的微机电系统(MEMS)。这个微型元件由微型止回阀门构成,该阀门可以防止血液倒流回静脉。阀门打开时血液向前流,关闭后可以完全阻止血液倒流。双光子聚合还可以用于加工药品输运微型元件,图 5.13(b)是一个用来透皮给药的微型针头阵列[43]。

此外,双光子聚合也可以很好地应用于生物微型支架的加工。这种微型支架在组织生长过程中将对细胞的附着和迁移提供有利条件,有助于人们更好地理解如胚胎发育、癌症转移、血管形成和重构、组织再生、免疫监督以及炎症等各种生理学和病变过程。图 5.13(c)是利用双光子聚合在具有生物相容性的材料中加工成的支架,该支架结构由很多亚微米小孔组成[42]。为了探索细胞迁移过程,将绿色荧光蛋白(GFP)标记的人体纤维肉瘤细胞系(HT1080)以 500 000 mL^{-1} 的密度"种"在支架结构上的正方形小孔里[44]。图 5.14(a)所示是将细胞"种"在支架内 5 h 之后的俯视图,其中小孔的大小为 52 μm。细胞最初被放在盖玻片上,从荧光标记的细胞三维渲染图 5.14(b)可以看到,几小时后这些细胞就已经向三个方向迁移至充满整个支架结构了。图 5.14(c)是小孔大小为 110 μm 的支架,荧光标记的细胞主要吸附在小孔边沿上并沿着边沿方向移动。另外,如图 5.14(d)~(f)所

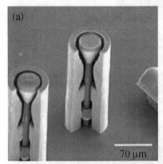
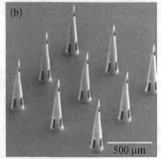
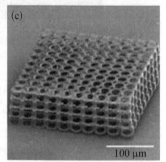

图 5.13 微型阀门剖面图(a);微型针头阵列(b);组织工程微型支架(c)[42]

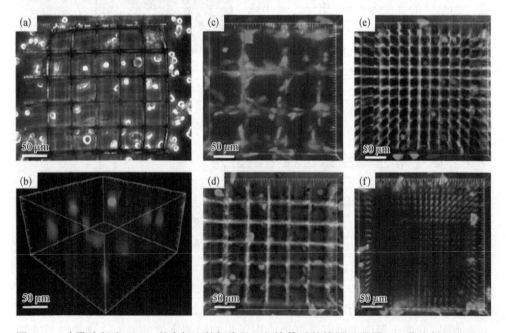

图 5.14 小孔边长为 52 μm 的支架上的细胞经 5 h 培养后的俯视显微图(a);荧光标记细胞在支架里 24 h 后的三维显微图(b);不同小孔边长的支架中的细胞 5 h 后的俯视显微图(c)~(f)[44]

示,细胞在小孔大小为 52 μm 的支架内的分布比 25 μm 和 12 μm 的小孔更加均匀。可以得到结论:细胞的迁移平均速度随三维支架阵列的孔径缩小而减小,这是因为支架结构限制了细胞的移动。双光子聚合加工的微型支架结构在系统研究机械性能、黏附缩氨酸浓度和生物降解能力对细胞迁移的影响等方面有很大的潜力。

5.8 三维金属微纳结构的加工

利用包含金属颗粒和银盐溶液、金属离子溶液的溶胶凝胶,或者包含银离子的聚合物薄膜,通过双光子聚合可以加工成三维金属微纳结构,其原理是飞秒激光直写在这些材料里通过多光子吸收可还原金属离子,因此这项技术又被称为多光子还原[45-48]。金属三维微纳结构在纳米光子学、电子学、生物科学和化学等领域都被广泛关注。

一种用来加工三维金属微纳结构的材料是二氨合银离子(diammine silver ions,DSI)和氮离子烷基羧酸盐(n-decanoyl sarcosine sodium,NDSS)的混合溶液[48],其中二氨合银离子作为银种子,而氮离子烷基羧酸盐是表面活性剂。溶液中银离子的浓度为 0.05 mol/L。用数值孔径为 1.4 的油浸物镜把飞秒激光聚焦在含金属离子溶液和盖玻片玻璃基底之间的界面上。如图 5.15(a)所示,由于表面活性剂抑制了金属颗粒的形成,最终长成的结构是一根最细处只有 180 nm 的银柱。在此基础上还可以进一步加工出一个三维"金字塔"阵列,每个高 5 μm,各边和基底夹角为 60°,如图 5.15(b)所示,左边插图是阵列的俯视图,右边插图是单个银"金字塔"的全貌图。

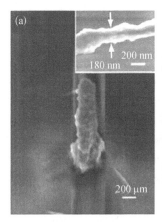
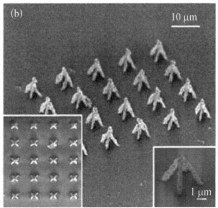

图 5.15　飞秒激光实现三维金属微纳结构的扫描电镜图[48]

(a) 银纳米柱;(b) "金字塔"形银纳米结构阵列

另一种可以用来加工三维金属微结构的材料是包含银离子的聚乙烯吡咯烷酮 (polyvinylpyrrolidone,PVP)薄膜,图 5.16 展示了全部实验过程[49]。首先把 1.25 g的PVP溶解到50 mL乙醇里,再把得到的PVP溶液混合到硝酸银溶液里。为了形成包含银离子的薄膜,把混合溶液均匀涂在一个盖玻片上,然后在100℃加热 10 min 烘干形成薄膜。用数值孔径为 1.25 的物镜把飞秒激光聚焦到样品上,利用双光子还原加工得到金属微结构。激光直写之后,把样品泡在乙醇里去除聚合物基体,再用去离子水冲洗干净。最后,一个二维或者三维的金属微结构就留在盖玻片上。经过测量,这个银微纳结构的电阻率为 3.47×10^{-7} $\Omega \cdot m$。

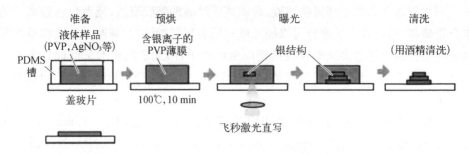

图 5.16 飞秒激光在 PVP 薄膜中加工三维金属微纳结构的实验过程示意图[49]

参 考 文 献

[1] Kodama H. Automatic method for fabricating a three-dimensional plastic model with photo-hardening polymer. Review of Scientific Instruments,1981,52(11):1770 – 1773.

[2] Maruo S, Nakamura O, Kawata S. Three-dimensional microfabrication with two-photon-absorbed photopolymerization. Optics Letters,1997,22(2):132 – 134.

[3] Sun H B, Matsuo S, Misawa H. Three-dimensional photonic crystal structures achieved with two-photon-absorption photopolymerization of resin. Applied Physics Letters,1999,74(6):786 – 788.

[4] Cumpston B H, Ananthavel S P, Barlow S, et al. Two-photon polymerization initiators for three-dimensional optical data storage and microfabrication. Nature,1999,398(6722):51 – 54.

[5] Zhou W, Kuebler S M, Braun K L, et al. An efficient two-photon-generated photoacid applied to positive-tone 3D microfabrication. Science,2002,296(5570):1106 – 1109.

[6] Sun H B, Kawata S. Two-photon laser precision microfabrication and its applications to micro-nano devices and systems. Journal of Lightwave Technology,2003,21(3):624.

[7] Lee K S, Yang D Y, Park S H, et al. Recent developments in the use of two-photon polymerization in precise 2D and 3D microfabrications. Polymers for Advanced Technologies,2006,17(2):72 – 82.

[8] Sugioka K, Cheng Y. Femtosecond laser three-dimensional micro-and nanofabrication.

Applied Physics Reviews, 2014, 1(4): 041303.

[9] Formanek F, Takeyasu N, Tanaka T, et al. Three-dimensional fabrication of metallic nanostructures over large areas by two-photon polymerization. Optics Express, 2006, 14(2): 800-809.

[10] Kato J, Takeyasu N, Adachi Y, et al. Multiple-spot parallel processing for laser micronanofabrication. Applied Physics Letters, 2005, 86(4): 044102.

[11] Kawata S, Sun H B, Tanaka T, et al. Finer features for functional microdevices. Nature, 2001, 412(6848): 697-698.

[12] Kuebler S M, Rumi M, Watanabe T, et al. Optimizing two-photon initiators and exposure conditions for three-dimensional lithographic microfabrication. Journal of Photopolymer Science and Technology, 2001, 14(4): 657-668.

[13] Sun H B, Maeda M, Takada K, et al. Experimental investigation of single voxels for laser nanofabrication via two-photon photopolymerization. Applied Physics Letters, 2003, 83(5): 819-821.

[14] Sun H B, Takada K, Kim M S, et al. Scaling laws of voxels in two-photon photopolymerization nanofabrication. Applied Physics Letters, 2003, 83(6): 1104-1106.

[15] Tan D, Li Y, Qi F, et al. Reduction in feature size of two-photon polymerization using SCR500. Applied Physics Letters, 2007, 90(7): 1106.

[16] Hell S W, Wichmann J. Breaking the diffraction resolution limit by stimulated emission: stimulated-emission-depletion fluorescence microscopy. Optics Letters, 1994, 19(11): 780-782.

[17] Li L, Gattass R R, Gershgoren E, et al. Achieving $\lambda/20$ resolution by one-color initiation and deactivation of polymerization. Science, 2009, 324(5929): 910-913.

[18] Gan Z, Cao Y, Evans R A, et al. Three-dimensional deep sub-diffraction optical beam lithography with 9 nm feature size. Nature Communications, 2013, 4(6): 497-504.

[19] Sun Z B, Dong X Z, Chen W Q, et al. Multicolor polymer nanocomposites: in situ synthesis and fabrication of 3D microstructures. Advanced Materials, 2008, 20(5): 914-919.

[20] Wang J, Xia H, Xu B B, et al. Remote manipulation of micronanomachines containing magnetic nanoparticles. Optics Letters, 2009, 34(5): 581-583.

[21] Xia H, Wang J, Tian Y, et al. Ferrofluids for fabrication of remotely controllable micro-nanomachines by two-photon polymerization. Advanced Materials, 2010, 22(29): 3204-3207.

[22] Sun Y L, Dong W F, Yang R Z, et al. Dynamically tunable protein microlenses. Angewandte Chemie, 2012, 124(7): 1590-1594.

[23] Guo R, Xiao S, Zhai X, et al. Micro lens fabrication by means of femtosecond two photon photopolymerization. Optics Express, 2006, 14(2): 810-816.

[24] Chen Q D, Wu D, Niu L G, et al. Phase lenses and mirrors created by laser micronanofabrication via two-photon photopolymerization. Applied Physics Letters, 2007,

91(17): 171105.

[25] Li Y, Yu Y, Guo L, et al. High efficiency multilevel phase-type Fresnel zone plates produced by two-photon polymerization of SU-8. Journal of Optics, 2010, 12(3): 035203.

[26] Chen Q D, Lin X F, Niu L G, et al. Dammann gratings as integratable micro-optical elements created by laser micronanofabrication via two-photon photopolymerization. Optics Letters, 2008, 33(21): 2559-2561.

[27] John S. Strong localization of photons in certain disordered dielectric superlattices. Physical Review Letters, 1987, 58(23): 2486.

[28] Cheng C C, Scherer A. Fabrication of photonic band-gap crystals. Journal of Vacuum Science & Technology B, 1995, 13(6): 2696-2700.

[29] Sun H B, Matsuo S, Misawa H. Three-dimensional photonic crystal structures achieved with two-photon-absorption photopolymerization of resin. Applied Physics Letters, 1999, 74(6): 786-788.

[30] Seet K K, Mizeikis V, Matsuo S, et al. Three-dimensional spiral-architecture photonic crystals obtained by direct laser writing. Advanced Materials, 2005, 17(5): 541-545.

[31] Sun H B, Mizeikis V, Xu Y, et al. Microcavities in polymeric photonic crystals. Applied Physics Letters, 2001, 79(1): 1-3.

[32] Maruo S, Ikuta K. Three-dimensional microfabrication by use of single-photon-absorbed polymerization. Applied Physics Letters, 2000, 76(19): 2656-2658.

[33] Maruo S, Ikuta K, Korogi H. Submicron manipulation tools driven by light in a liquid. Applied Physics Letters, 2003, 82(1): 133-135.

[34] Maruo S, Inoue H. Optically driven micropump produced by three-dimensional two-photon microfabrication. Applied Physics Letters, 2006, 89(14): 144101.

[35] McDonald J C, Whitesides G M. Poly (dimethylsiloxane) as a material for fabricating microfluidic devices. Accounts of Chemical Research, 2002, 35(7): 491-499.

[36] Wang J, He Y, Xia H, et al. Embellishment of microfluidic devices via femtosecond laser micronanofabrication for chip functionalization. Lab on a Chip, 2010, 10(15): 1993-1996.

[37] Lim T W, Son Y, Jeong Y J, et al. Three-dimensionally crossing manifold micro-mixer for fast mixing in a short channel length. Lab on a Chip, 2011, 11(1): 100-103.

[38] He Y, Huang B L, Lu D X, et al. "Overpass" at the junction of a crossed microchannel: An enabler for 3D microfluidic chips. Lab on a Chip, 2012, 12(20): 3866-3869.

[39] Xu B B, Zhang Y L, Xia H, et al. Fabrication and multifunction integration of microfluidic chips by femtosecond laser direct writing. Lab on a Chip, 2013, 13(9): 1677-1690.

[40] Amato L, Gu Y, Bellini N, et al. Integrated three-dimensional filter separates nanoscale from microscale elements in a microfluidic chip. Lab on a Chip, 2012, 12(6): 1135-1142.

[41] Olsen M H, Hjortϕ G M, Hansen M, et al. In-chip fabrication of free-form 3D constructs for directed cell migration analysis. Lab on a Chip, 2013, 13(24): 4800-4809.

[42] Farsari M, Chichkov B N. Materials processing: two-photon fabrication. Nature Photonics,

2009, 3(8): 450-452.

[43] Ovsianikov A, Malinauskas M, Schlie S, et al. Three-dimensional laser micro-and nano-structuring of acrylated poly (ethylene glycol) materials and evaluation of their cytotoxicity for tissue engineering applications. Actabiomaterialia, 2011, 7(3): 967-974.

[44] Tayalia P, Mendonca C R, Baldacchini T, et al. 3D Cell-migration studies using two-photon engineered polymer scaffolds. Advanced Materials, 2008, 20(23): 4494-4498.

[45] Wu P W, Cheng W, Martini I B, et al. Two-photon photographic production of three-dimensional metallic structures within a dielectric matrix. Advanced Materials, 2000, 12(19): 1438-1441.

[46] Stellacci F, Bauer C A, Meyer-Friedrichsen T, et al. Laser and electron-beam induced growth of nanoparticles for 2D and 3D metal patterning. Advanced Materials, 2002, 14(3): 194.

[47] Cao Y Y, Takeyasu N, Tanaka T, et al. 3D metallic nanostructure fabrication by surfactant-assisted multiphoton-induced reduction. Small, 2009, 5(10): 1144-1148.

[48] Ishikawa A, Tanaka T, Kawata S. Improvement in the reduction of silver ions in aqueous solution using two-photon sensitive dye. Applied Physics Letters, 2006, 89(11): 113102.

[49] Maruo S, Saeki T. Femtosecond laser direct writing of metallic microstructures by photoreduction of silver nitrate in a polymer matrix. Optics Express, 2008, 16(2): 1174-1179.

第 6 章

透明介电材料内部的三维光子学集成

6.1 利用飞秒激光实现透明介电材料内部改性的原理概述

近年来,飞秒激光直写已经逐渐发展成为在透明介质内部实现三维精密加工的主要技术之一[1]。飞秒激光脉冲具有极高的峰值功率和极短的脉冲宽度。高的峰值功率能在透明介质内部产生诸如多光子吸收和隧穿电离等强烈的非线性效应;短的脉冲宽度可以有效抑制热影响区的形成,这是实现超高精度制备的物理基础。因此紧聚焦的飞秒激光可以深入透明介质内部在焦点附近诱发多光子吸收,实现真正的三维微加工,其加工精度可以超越光学衍射极限。飞秒激光微纳加工技术的优势除了能对大量的透明材料实现超越衍射极限的三维高精度加工外,还体现在多功能集成方面的灵活性,即它可以直接将多种不同功能的微纳结构集成到单一的片上(on-chip)。飞秒激光与透明物质相互作用的机制,详见本书的第1章,这里只作简单概述。

利用飞秒激光处理材料的物理基础是利用紧聚焦的飞秒激光所具有的强光场,在透明材料内部诱导多光子或隧穿电离。多光子或隧穿电离提供的种子电子还将与周围的原子相互作用,进一步诱发雪崩电离,从而在焦点附近产生局域化的高温高密度等离子体。随后,高温物质经快速淬冷并迅速固化后,其光学特性与本体材料具有一定的差异[1-3],如折射率和吸收光谱性质[3]。此外,飞秒激光辐照还能改变材料的化学性质。例如,对于熔石英玻璃等重要光学材料,飞秒激光的作用区内折射率有所增加,从而具有类似于光纤的导波能力[2];熔石英玻璃经紧聚焦飞秒激光辐照后,辐照区的化学稳定性变弱,从而能优先被酸(氢氟酸)[4]或者碱(氢氧化钾)[5]选择性腐蚀。

保持光斑静止,通过移动待加工的透明样品,就可以实现飞秒激光束对样品的扫描。该途径被称为飞秒激光直写(femtosecond laser direct writing)。飞秒激光直写在透明材料内部制备三维微纳结构所借助的主要方式有:通过局域修饰折射率,制备被动或者主动的光波导;结合化学腐蚀,选择性去除被激光曝光的区域,就能在光敏玻璃、熔石英玻璃等透明介质中形成中空的微结构,从而制备微流体[6]、光子器件[7]、光学微腔[8]等微纳结构;另外液体辅助的飞秒激光烧蚀(ablation)也被证明可以用来产生微纳结构[9],其原理是焦点处的材料直接被飞秒激光脉冲移除,并被液体带走,从而形成微流体[9]、光学微腔[10]等微结构。飞秒激光脉冲这种灵活的三维微加工方法,为我们提供了微光学、光子学、微流体等单片元件的制备与多功能集成的崭新途径。最后,飞秒激光还可以经过化学镀的方法将微电极或微加热器[11]与其他微纳结构在同一片上集成起来,如在铌酸锂($LiNbO_3$,LN)上将电极与波导集成起来,就可以实现电光调制以及马赫-曾德尔(Mach-Zehnder)干涉仪[12];或者将微加热器与微腔集成起来[13],实现对微腔折射率的调控,进而调谐谐振波长。

6.2 透明材料内部中三维光波导的制备

光波导是现代集成光学与光电子学中的基础性元件,它一般由低折射率材料(包层)包围着高折射率材料(纤芯)形成的,通过全内反射将光波束缚在光波长量级尺寸的介质截面内实现长距离的传输,同时在空间上将光场约束到很高的能流密度。目前常用的制作方法通常基于平面光刻工艺,如离子/质子交换[14,15]、外延层沉积[16,17]、离子束注入[17]、金属-离子内扩散[18]等。由该工艺制备出来的波导一般位于衬底表面,为平面(二维)结构,这严重限制了波导回路的三维集成度,此外该制备工艺也往往较为复杂繁琐。

飞秒激光对透明介质的处理起源于在玻璃内部的局域化的折射率修饰[2],由此开辟了光波导和光存储[3]领域的应用。1996 年 Davis 等利用 810 nm 波长的飞秒激光紧聚焦到锗掺杂的硅酸盐、硼硅酸盐、钠钙硅酸盐、氟锆酸盐(ZBLAN)等多种透明玻璃内部,进行空间选择性的损伤,发现二氧化硅、锗掺杂的硅酸盐玻璃中的损伤区折射率永久性地增加了,由此制备了光波导[2]。该光波导制作技术非常简单,制作过程一步到位,无须在真空环境中进行,也无须掩膜,对衬底材料的选择有很大的自由度,并且制作出来的光波导结构可以位于材料内部三维空间的任意位置,极大地增加了波导回路的集成度[19],如图 6.1(a)所示。图 6.1(b)显示了该波导对波长 1.05 μm 的光传输的近场光强分布,其导波模式为单模。导波区相对于周围材料的折射率增加量的分布见图 6.1(c)。因此光波导已经被广泛用于构建光子器件,如分束器、定向耦合器、布拉格光栅、马赫-曾德尔干涉仪、波导激光以及非线性光波导器件等[7]。

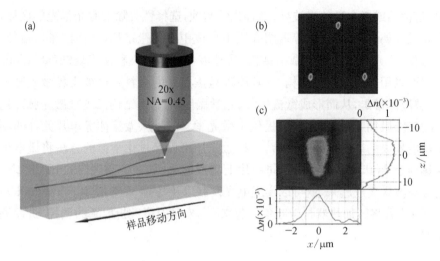

图 6.1 飞秒激光在透明材料中直写三维波导[19]
(a) 示意图;(b) 近场模式分布;(c) 折射率增加量(Δn)的横截面分布

6.2.1 制作波导的影响因素

近红外的飞秒激光聚焦到玻璃、晶体等透明材料内部,会在焦点处产生多光子电离,引起永久性的折射率变化(此时激光的峰值强度既要低于烧蚀的阈值,又要高于材料中多光子电离引起的材料损伤阈值),从而形成光波导。以熔石英玻璃为例,这种折射率的改变一般认为它是与材料密度的致密化、键的变化、色心的产生、热效应、应力等多种因素有关[20],其机理尚未彻底清楚。

在制作波导过程中,飞秒激光的辐照参数(脉冲能量、脉冲宽度、重复频率、偏振方向、样品与焦斑之间的相对移动速率)、聚焦条件(物镜或者透镜的数值孔径、像差、色差等)以及材料的特性(带隙、热力学性质、光学性质)等因素,都关系到高性能的波导制作的成败。

在透明的块状材料的波导制作方面,有几个关键的参数[21-23]值得注意。第一,当聚焦的飞秒激光脉冲的峰值强度稍微高于材料中多光子电离引起的材料损伤阈值时,会产生各向同性的折射率改变;中等的脉冲强度会引起双折射的折射率改变;更高的强度将产生纳米空穴乃至裂痕,这将引起光的散射损耗。第二,对于特定的重复频率以及焦斑尺寸,必须选择合适的平移速度,以保证脉冲之间有足够的空间、时间重叠,使得热累加效应最优化,从而制作出光滑的折射率修饰区[1]。

脉冲的重复频率也是一个重要因素[7]。当脉冲激光器工作在中低度重复频率($1\sim250$ kHz),相邻脉冲之间的时间间隔较大,因此每个脉冲与物质的作用可视为相互独立的[24]。当激光重复频率增加 MHz 级别的高重复频率,相邻两个脉冲的时间间隔短于材料热扩散时间(约为 $1\,\mu s$),随着激光能量的沉积,焦点的热量会累加。这种热累积与热扩散的组合,会产生远大于单脉冲情形下的折射率修饰区[25],如图 6.2 所示。由于热扩散基本是各向同性的,波导的横截面通常是圆形的。此外,高重复频率还可以提供更快的处理速度。但飞秒激光重复频率的选择还与加工的具体材料的性质有关,高重复频率的激光对熔石英玻璃、掺锌的碱硅酸盐玻璃中的波导制备并不适用[26],因为高重频会在这些材料中产生不规则的结构。

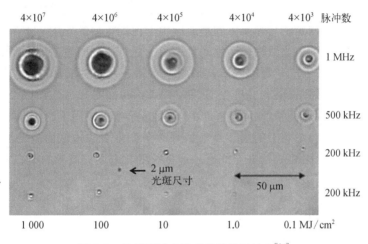

图 6.2 热累积效应造成的修饰区扩大[24]

对于许多应用,波导的性能主要取决于传输损耗、端口的界面损耗以及光学导波模式分布。波导的传输损耗一般起源于散射和吸收损耗。传输损耗的测量方法包括:① 基于空气-玻璃界面引起的菲涅耳反射所建立的法布里-帕罗腔技术[27],由观测到的透射谱中的条纹对比来计算传输损耗。② 用 CCD 在波导上方对波导成像,测量波导散射的指数衰减光[28]。这两种方法对低损耗(<1 dB/cm)和短(< 5cm)的波导进行损耗测量时,测量精度会恶化[29]。③ 普遍被采用的方法是通过记录不同长度的同种波导的插入损耗来测量传输损耗。目前飞秒激光在玻璃中制备的波导的传输损耗在光通信波段一般在 0.5 dB/cm,而技术较为成熟的平面光刻工艺制作的光波导的传输损耗约 0.01 dB/cm[30],通信光纤传输损耗的典型值则更低,约 0.2 dB/km[31]。不过飞秒激光制作的波导损耗已经足以满足很多片上的集成光学应用。

模式分布的测量,一般是利用合适数值孔径的物镜或透镜,将光聚焦到波导入口,或直接将光纤中的光对接到波导入口,在波导的出口端面后,放置一个显微物镜,对端面进行成像,并将模式分布图放大到 CCD 上。对于量子信息处理、光流体应用,一般要求光波导对特定波长是单模的、保偏的,这时候就要求波导的横截面是圆对称的。

6.2.2 波导的制作方式

飞秒激光直写制备波导的方式通常有三种：横向直写、纵向直写以及光学成丝[32]。光束的传输横截面本来是圆形的，纵向直写的优点是制作出来的波导的横截面是圆对称的，缺点是波导的加工长度受限于物镜的工作距离。光学成丝的方法则只能制作一维的波导。光波导通常使用横向扫描的方法制作，即样品沿着垂直于飞秒激光传播的方向运动。该方法非常灵活，可直写出各种任意曲线形状的波导，使得光波导在光子与光流体的集成应用上占据重要的作用。不幸的是，在中低度脉冲重复频率下，显微物镜产生的焦斑由于在传播方向被拉伸（瑞利焦深一般要大于光斑尺寸或者成丝等原因），其形状通常是非对称的椭球形（尤其在脉冲低重复频率下），这导致了横向、纵向分辨率的不均一，如图 6.1（c）所示。到目前为止，狭缝整形、柱面透镜整形、时空整形等光束整形方法被用于产生圆形横截面的波导，其内容详细参考本书的第 3 章。另外一个产生对称横截面波导的方法是多次扫描[33,34]，产生多线波导，在空间有一定重叠的相邻两根波导的中心之间有微小的偏离。该方法可以产生方形或者对称横截面的波导。

6.2.3 不同材料

飞秒激光直写在透明材料中制备光波导的最大优势就是可以用同一个激光直写系统在多种透明材料内部灵活地制备三维波导。由于高的纯度、低的损耗以及宽的透明窗口，玻璃与晶体经常被用作制备波导的衬底材料。下面将综述飞秒激光在玻璃、晶体上制作波导的研究工作。

1. 玻璃

玻璃是最早被用作飞秒激光制作波导的衬底材料。熔石英玻璃、光敏玻璃、硼硅酸盐玻璃、磷酸盐玻璃、硫系玻璃、氟化物玻璃以及稀土掺杂的玻璃都可以用作衬底制备波导。

熔石英玻璃是尤其值得关注的衬底材料。飞秒激光直写在熔石英玻璃内部制作的波导，激光辐照区被致密化，折射率升高。低重复频率飞秒激光脉冲直写波导，在光通信 1 550 nm 波段的传输损耗已降至很低，可达到 $1\sim0.12$ dB/cm[33,35,36]；其折射率的增加量一般在 $10^{-3}\sim10^{-2}$ 量级[37]，如 2×10^{-3}。一般在熔石英玻璃上制备波导时使用的激光脉冲重复频率是中低度的，太高的重复频率会产生无规的结构而影响导光性能[26]。飞秒激光直写还可以在熔石英玻璃内部产生双折射微晶结构，该结构可被选择性化学腐蚀（氢氟酸 HF 或者 KOH 溶液），因此可以在熔石英玻璃芯片上构建微流体、光子学、微电子、光学微腔等微纳器件或结构。

光敏玻璃（foturan）也有类似于熔石英玻璃的性质，它首先被飞秒激光直写辐照，然后退火处理，从而制备波导；若再经过化学腐蚀，再次高温退火，还可以制备微流体、光流体、微光学器件。由于散射,该波导的损耗(0.6 dB/cm)[38]要大于熔石英玻璃的,不过该损耗也已达到芯片上的光流体(optofluidic)应用要求。

硫系玻璃由于拥有优越的红外透明性质、大的折射率($n = 2.2 \sim 3.4$),低的声子能量、大的三阶非线性系数以及可掺杂大多数的稀土元素,在红外光电器件(如全光开关和集成光路)中有重要的应用前景[39]。飞秒激光制作的硫系玻璃薄膜波导的折射率增加量可大于10^{-2}[40],是目前折射率增量最高的玻璃之一,并被用于制作50∶50分光比的分束器[24]。

其他玻璃方面,硼硅酸盐玻璃(Schott AF45)波导的传输损耗可降至0.2 dB/cm,折射率增量7×10^{-3}[41]。而磷酸盐玻璃也适合制作高品质的波导,该玻璃也很容易掺杂铒、钇稀土离子,在1 kHz重复频率的飞秒激光像散光束辐照下,波导的损耗在1 534 nm波长处可低至0.25 dB/cm[42]。而另外一种磷酸盐玻璃(Schott IOG-1),在1 kHz重复频率的飞秒激光直写得到的波导,与熔石英玻璃波导不同,磷酸盐玻璃的激光辐照中心区虽然也有色心产生,但辐照区的折射率和材料密度是降低的,而辐照区的外围区域的折射率才是升高的,这是由于这两种玻璃的热力学性质不同导致的[43],磷酸盐玻璃波导的工作区在相邻两根波导之间的中间区域。对于硼硅酸盐玻璃和磷酸盐玻璃,当飞秒激光的重复频率在$0.2 \sim 2$ MHz时,制备出来的波导的损耗较低(可低至0.35 dB/cm)[44]。使用数值孔径为0.55的物镜将200 mW功率的飞秒激光脉冲从上到下聚焦到硼硅酸盐玻璃内部,在不同重复频率下,以25 mm/s的速度制作的波导横截面分布,波导离表面150 μm深。该波导的横截面折射率分布见图6.3,其中黑点是激光的焦点。

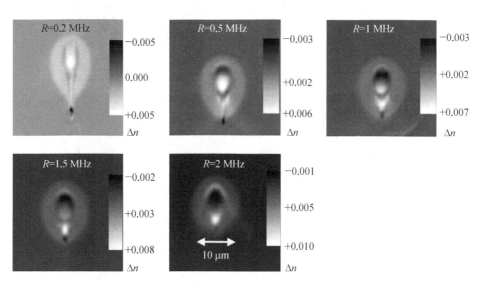

图6.3 利用不同重复频率的飞秒激光在玻璃内部制作波导横截面分布图[44]

2. 晶体

玻璃波导由于可构成光流体芯片、全光路由或开关、集成激光源、放大器以及量子光学器件上的关键元件而被广泛研究;相比玻璃,光学介电晶体是重要的光学、光子学材料,它一般具有低的本征损耗、宽的透射谱、大的非线性光学系数,甚至具有电光效应。由于晶体上述的优越特性,近年来晶体波导的研究同样引人注目[45]。

对晶体这种长程有序的介质,飞秒激光在其中制作波导时,加工参数的选择要更谨慎。对于熔石英玻璃,修饰区由于致密化而导致折射率升高;而对于晶体,如 α-石英,规则的晶格被剧烈破坏通常意味着材料密度的降低,从而导致折射率降低[46]。按照晶格损伤程度的不同,可以把飞秒激光直写引起晶体材料折射率变化的机制分为两种[47]。

如果直写的波导的导光区域与焦斑轨迹区一致,则称为第一类波导。研究发现,只有少数的晶体可用于制备第一类波导,如铌酸锂[48-52]、ZnSe[53]、Nd:YCa$_4$O(BO$_3$)$_3$[54]。即使在这些晶体里,正的折射率增量也只沿着特定的轴才存在,也就是说波导只支持特定偏振态的光传输[53-55]。在 x 切的铌酸锂晶体,制备的第一类波导的反常折射率分布如图 6.4(a)所示,其对波长为 633 nm 光的导波模式分布见图 6.4(b),为单模。若晶格未被损坏,则晶体的非线性光学性质基本

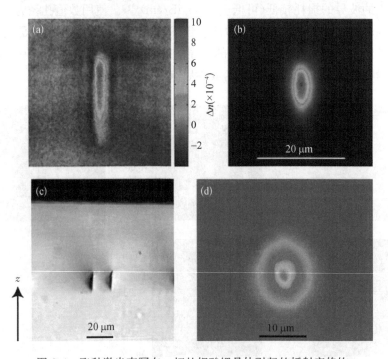

图 6.4 飞秒激光直写在 x 切的铌酸锂晶体引起的折射率修饰
(a) 第一类波导的反常折射率分布;(b) 导波模式分布[47];(c) 第二类波导的横截面;(d) 导波模式分布[63]

可以保留下来[56];若飞秒激光功率过大,则一般会在焦斑处产生大的修饰,导致了辐照区的损伤甚至非晶化,所以导光区原有的块状材料性质会被严重破坏,如铌酸锂波导的有效电光系数被降至原来的52%[55,57]。此外,第一类波导在退火后导光性能往往会下降,在高温下会不稳定或者完全消失[45]。这些缺点都会限制第一类波导的应用。

对于铌酸锂,第一类波导的传输损耗可低至 1 dB/cm[58],其反常光折射率的增量低于 10^{-3}。周期性极化的铌酸锂的第一类波导的传输损耗更低,为 0.6 dB/cm[57]。当温度高于 150℃时,波导对光的约束能力降低,因此它也只适宜传导低能量的光;在室温下,波导结构也逐渐衰弱乃至消失[55]。

当激光的能流密度较大时,激光会在焦斑中心产生强烈的晶格损伤,这对应于折射率的降低;同时在焦斑的周围产生应力,造成周围材料折射率的增加。若扫描两条空间间隔适中的平行线,虽然平行线所在的材料折射率降低,但平行线之间、未被激光辐照的区域的折射率增加了,该区域可以用于导光[7]。这一类波导称为第二类波导,上述方法也称为双线方法[47]。由该方法制备的在周期极化的铌酸锂晶体中制备的第二类波导见图 6.4(c),它对 532 nm 波长光的导波模式见图 6.4(d)。该方法有如下四个优点[45]。第一,由于导光区的晶格未被破坏,该处保留了原有块状晶体的荧光和非线性光学性质;第二,由于导光区的折射率改变相对于第一类波导更容易控制,更多的晶体材料可被用于制备第二类波导;第三,波导有可能可以支持两个正交偏振态的光的传播,虽然这两个偏振态的导光性能未必一致(如对某些立方晶体,Nd:YAG,波导只支持 TM 模的导波[59-61]);第四,在高温下,第二类波导也是稳定的。

2005 年 A. G. Okhrimchuk 等改进了双线方法[62],其核心观念就是在未被辐照的导光区周围写了大量平行线作为边界,这些低折射率的平行线将导光区围起来,因此导光区位于低折射率边界(即包层)的内部。从原理上讲,该类波导也属于第二类波导,有时候它也称为第三类波导。这类波导的横截面可以用多条平行线围成的形状来控制,原则上可以制备横截面任意形状的波导,如与光纤匹配的圆形波导,也可以支持单模、多模传输。在 BBO 中制备的第二类波导如图 6.5 所示,它由双线结构组成,对 633 nm 波长的光支持多模传输;其第三类波导的导波模式可通过不同的两组双线结构来控制。一般来说,波导包层的尺寸在 30~150 μm,相邻两根平行线的间隔在 3~4 μm[45]。对于某些晶体来说,该类波导几乎具有完全相同的沿着 TE 模/TM 模的二维导光能力,这有助于在非线性波导中实现相位匹配[45]。

包括铌酸锂、硅、活性离子掺杂 YAG 单晶或陶瓷、Nd 掺杂的钒酸盐晶体、蓝宝石、KTP 晶体、Nd:GGG、YLiF$_4$、BiB$_3$O$_6$、稀土掺杂钨酸盐晶体、ZnSe、ZnS 等的一系列晶体,都被成功用于制备第二类波导[55]。对于铌酸锂晶体,第二类波导的传输损耗可低至 1 dB/cm[63];其荧光性质、非线性系数也接近于体块铌酸锂材料的

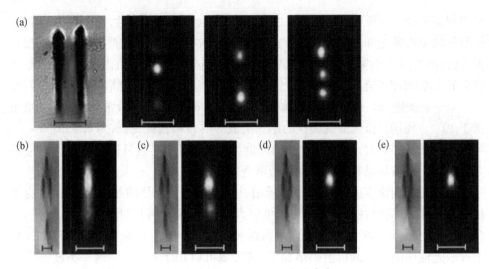

图 6.5　BBO 中的第二类波导[67]

(a) 波导横截面与模式分布；(b)~(e) 不同构型的波导的横截面以及导波模式，标尺为 20 μm

相应系数，因此可以在周期性极化的铌酸锂波导上实现倍频等非线性效应[63-65]或者对铌酸锂波导进行电光调制[12]。而在 Nd：MgO：LiNbO$_3$ 内部制备的第三类波导则支持 TE、TM 模传输[66]。

6.3　光子器件的制备

以飞秒激光在透明材料中诱导的光波导结构为基础，可以实现分束器、定向耦合器、马赫-曾德尔干涉仪、非线性频率转换器、离散波导阵列[68]、布拉格光栅、波导放大器、波导激光器、集成量子信息回路等有源或无源器件[7]。其中，无源波导器件的衬底是无源材料，即材料中不含增益介质，光在传播路径上遭遇衰减，因此波导的传输损耗要尽量最小化；而有源波导器件形成于有源衬底上，如稀土掺杂、激光诱导色心或者量子点发光。

6.3.1　分束器

早在 1999 年，D. Homoelle 等就在熔石英衬底上用 1 kHz 重复频率的飞秒激光制备了 1.1∶1 分束比(传输的光波长为 633 nm)的 Y 型分束器[69]，波导的传输损耗为 1 dB/cm。经过 3 次 Y 型分布器的级联，还可以构成 1×8 的分束器[70]。2003 年，S. Nolte 等在熔石英玻璃中制备了三维 1×3 分束器[19]，分束器的三个分光臂在不同平面内的夹角为 120°，在 1 050 nm 波长处的分光比为 32∶33∶35，如图 6.1 所示。飞秒激光直写固有的三维加工能力将使波导的三维连接变得极为方便,可以实现高度紧凑、集成的微纳光子器件。

6.3.2 定向耦合器

耦合器是通过波导之间倏逝波的耦合来传递光信号,实现波导之间的光功率分配。为了实现倏逝波耦合,耦合作用区域里波导之间的间隔在波长量级。相邻波导间的能量传递取决于倏逝场模式分布、传输常数、相互作用区的长度、波导间的距离等参数。通过调节以上参数,就可以得到任意分光比的耦合器。三维的波导耦合器很容易由飞秒激光直写制作[72],如可以用 5.85 MHz 飞秒激光在 soda-lime 玻璃里制备由 3 个波导构成的三维耦合器(它对 800 nm 的光的耦合比率为 43%∶28%∶29%)或三维的微环腔[73](可用于构建微激光器以及滤波等)。图 6.6 显示了一个由飞秒激光在硼硅酸盐玻璃内部制备的定向耦合器[71]。两根波导在端口处的相对距离是 250 μm,在耦合区的最近距离是 7 μm。单独一根波导由端口附近的直线部分、曲率半径为 30 mm 的弯曲部分和耦合区的直线部分组成[32]。将光波从一根波导的端口输入,可同时观测到两根波导的输出端口有光输出,当耦合区的直线部分的长度为 0 时,耦合器的两个输出端口的光强比例是 0.5∶0.5。此外,这种定向耦合器还具有滤波功能[29]。

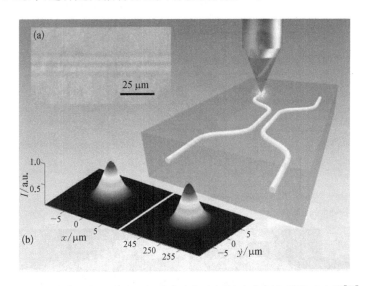

图 6.6 飞秒激光在硼硅酸盐玻璃内部直写的定向耦合器的示意图[71]
(a) 耦合区的两根波导的位置;(b) 近场光强 I 的空间分布

6.3.3 马赫-曾德尔干涉仪

以波导分束器、定向耦合器为基础构成的干涉仪经常会在远程通信、传感中用到。马赫-曾德尔干涉仪通常通过分束器或耦合器将输入信号分成两路(分别称为参考臂与传感臂),若两路的光程不等,则这两路信号在到达第二个合束器或耦合器发生干涉前会得到不同的相移。在实际应用中,一般仅少量改变其中一路的折射率就能大幅度地调节输出特性,如通过对铌酸锂材料施加电压,借助电光效应就可以改变铌酸锂波导的折射率,从而改变由该波导为基础构成的马赫-曾德尔干涉仪的输出;因此由铌酸锂波导构成马赫-曾德尔干涉仪可用作高速的电光调制器或路由器。对于玻璃波导,可以通过改变温度、压力等方法来改变其折射率。

飞秒激光在 2002 年以来就被用于在玻璃、晶体上制备马赫-曾德尔干涉仪[12,74-78]。廖洋等利用了 1 kHz 重复频率、中心波长 800 nm 的飞秒激光在 x 切的掺镁的同成分铌酸锂(Mg∶CLN,5 mol%)晶体上制备以第二类波导(双线间隔 8~10 μm)为基础的马赫-曾德尔型电光调制器[12],并利用飞秒激光辅助的化学镀方法把电极集成到衬底上,实现了对沿着 y 方向的传感臂折射率的电光调制。马赫-曾德尔干涉仪的结构图见图 6.7,它由双线的波导构成,波导两侧为电极,由飞秒激光化学镀制备。其中,双线波导的总长度为 10 mm,波导距离表面 25~35 μm,两臂的平行部分的长度为 2.6 mm,两臂的间隔为 60 μm,Y 型分支的张角约 1°;微电极嵌入两臂的两侧,长度 2.6 mm,深度 50 μm。实验发现,在电光调制器上不加电压与加电压 19 V 时的输出端口的近场光强分布分别如图 6.7(b)和(c)所示,这说明电光调制器的半波电压约为 19 V,消光比约为 9.2 dB。

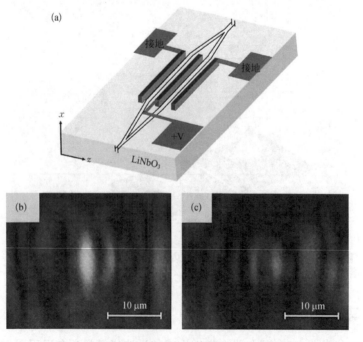

图 6.7 利用飞秒激光直写技术在铌酸锂上制备的马赫-曾德尔干涉仪[12]
(a) 结构图;(b)与(c) 近场光强分布

6.3.4 频率转换器

在晶体波导上进行非线性光学频率转换，由于光场受到空间限制，即光与物质的相互作用得到增强，相对于块状材料，非线性转换的效率会得到提升，这将有望在芯片上实现紧凑的、便携式的、可调谐的经典或量子光源，这在经典的信息处理乃至量子信息处理中有重要的应用前景。目前飞秒激光诱导的晶体波导已广泛用于产生二次谐波，二次谐波的波长范围覆盖 400～790 nm[45]。例如，由多次扫描方法在周期极化的铌酸锂晶体中制作的第一类波导，可在 1 567 nm 处实现准相位匹配的倍频，其归一化转换效率为 $6.5\%/(W \cdot cm^2)$[56]。而基于温度相位匹配的铌酸锂晶体第二类波导的倍频，在 1 064 nm 波长处的转换效率为 49%[48]，这是目前在铌酸锂第二类波导中实现相位匹配的倍频的最高转换效率。但由于基频是单模的，而二次谐波是高阶模的，它们的空间重叠很小，因此归一化的转换效率仅为 $0.6\%/(W \cdot cm^2)$。若使基频 1 064 nm 和倍频光 532 nm 都是单模传播的，在 195.4 ℃，周期性极化的 z 切铌酸锂波导中的归一化转换效率为 $2.5\%/(W \cdot cm^2)$，在输入峰值为 102 W，转换效率最高可达 58%[63]。

6.3.5 有源光子器件

在玻璃基底上掺杂活性离子，如铒(Er^{3+})、镱(Yb^{3+})、钕(Nd^{3+})，则可以利用飞秒激光直写在衬底上制备波导放大器(如工作于 1 530～1 565 nm 光通信波段的 C 段)、可调谐波导激光器或者锁模激光器。具体的基底材料、掺杂离子的选择，要视具体应用而定，如发光波长、掺杂难易程度、器件的稳定性等。大量的活性玻璃已被用于制备波导，包括掺钕的硅酸盐[79]、铒镱共掺的磷酸盐玻璃[80,81]、掺钇或掺铒的氟氧化物硅酸盐玻璃[82,83]、掺铋硅酸盐[84]等。

光放大器是通过受激辐射放大光信号，就是一个不带反馈的激光器。波导放大器的主要组成部分是光放大，放大器中的活性离子通过吸收泵浦光跃迁，产生粒子数反转，受激辐射，实现对信号光的放大。掺钕的硅酸盐波导、铒镱共掺的磷酸盐玻璃波导等一系列飞秒激光制作的波导都已经被用作波导放大器[7]，其中铒镱共掺的磷酸盐波导放大器的内部增益达到 2.5 dB/cm[85]。

波导激光器的原理与波导光放大器一致，只不过多了反馈。它的谐振腔结构可分为下列几种：① 外部介质反射镜；② 外部的布拉格反射腔；③ 分布式反馈(DFB)腔，即光栅结构位于有源波导区内。2004 年，Taccheo 将飞秒激光直写的铒镱共掺的有源波导与外部的光纤布拉格光栅结合起来，构建了基于分布式布拉格反射腔的激光器[86]。基于碳纳米管作为可饱和吸收体的锁模波导激光器在 2006 年也被制备出来[87]，由于谐振腔不是由飞秒激光制作的，因此它们并非是完全意义上由飞秒激光直写得到的激光器。直到 2008 年，Marshall 在铒镱共掺的磷酸盐玻璃(Kigre QX)中通过飞秒激光直写结合腔外声光调谐的方法一次性写出波导-布拉格光栅结构[88],其中光栅的周期约500 nm,实现了分布反射式波导激光。该激光可在1 537.627 nm波长处实现稳定的单模输出,其输出功率达到0.36 mW。2009年,在钇掺杂的磷酸盐玻璃中制备的分布反射式波导激光[89],有更出色的性能,它的工作波长在1 032.59 nm,输出功率达到102 mW,泵浦阈值为115 mW,光学效率超过17%。

6.3.6 集成量子光子回路

2009年,Marshall等利用重复频率1 kHz、中心波长800 nm、脉宽120 fs的飞秒激光,在高纯度熔石英玻璃中采用狭缝整形方法,成功制备出波导截面为圆形、芯片插入损耗为3 dB的定向耦合器,如图6.8所示[90]。其中耦合区的波导间隔是10 μm,利用该器件演示的双光子和三光子非经典干涉实验表明,飞秒激光直写可以制备出高品质的量子信息器件,由此催生了基于波导的新型光量子计算方式。

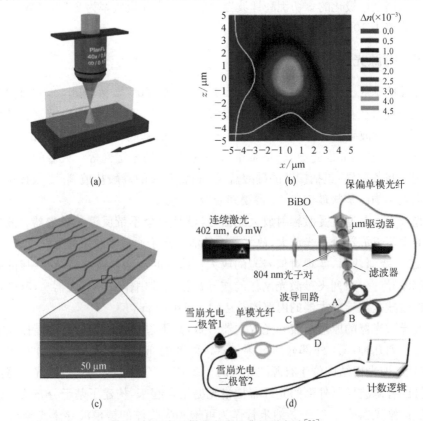

图6.8 双光子纠缠态非经典相干实验[90]

(a)飞秒激光直写波导示意图;(b)波导的横截面折射率分布;(c)波导回路布局;
(d)自发参量下转换实验光路图

随后，Sansoni 等利用飞秒激光直写的保偏波导，开展了支持量子比特偏振编码的集成量子芯片的研究[71]，其中波导的双折射率比平面光刻技术低了近一个数量级，入射光子保偏率达 99%，双光子纠缠态的非经典干涉可见度达 90%以上。相比于基于平台的、庞大量子光学实验的常规自由空间光路[91]，这种基于波导的芯片化集成的量子光子回路，虽然还处于起步阶段，但它具有实现量子光学系统小型化的潜力和不可比拟的可扩展性优势。

量子芯片的另外一种制作波导的方法是基于半导体光刻工艺[92]。当前，量子信息科学处于发展的初期，光量子器件的制备以原型器件为主，尚不需要大规模生产。与基于平面半导体工艺相比，三维飞秒激光直写技术具有诸多独特且目前无法取代的优势。首先，飞秒激光直写作为一种无掩膜的单步技术，可以实现光量子原型器件的迅速制造，不需要真空环境，其制作方法非常简易，导波模式易于控制。其次，利用三维飞秒激光直写，可以实现新颖的三维光子回路、高度密集的三维波导网络并快速获得器件的原型。利用这一独特优势，人们已经实现了三光子玻色合并（bosonic coalescence）[93]、集成芯片上纠缠光子随机行走的安德森定域效应的观测[94]以及量子芯片玻色采样[95]等经典计算机无法模拟的量子物理实验，所涉及的量子信息芯片空间复杂程度不断提高。此外，利用飞秒激光直写，还可以将三维光子回路方便地和其他功能性元件进行进一步集成[96]。例如，Matthews 等在 2009 年演示了利用半导体技术制备的波导光量子回路来实现光子纠缠的操控[89]，并集成了一个电子学的加热回路在一臂产生相对的相位 ϕ，见图 6.9。而早在 2008 年，廖洋等已

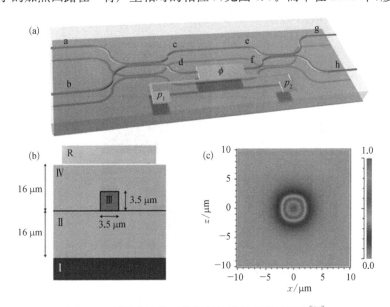

图 6.9　利用半导体工艺制备的波导光量子回路[89]

(a) 波导回路示意图；(b) 波导位于电阻加热器的下方；(c) 780 nm 波长处的导波模式的计算值

利用飞秒激光技术在铌酸锂电光晶体中实现了非常类似的结构[见图 6.7(a)],并应用于光调制器件的快速成型[12]。当前,飞秒激光直写光波导已在量子集成芯片技术中显示出重要的应用前景,并已经成为制备三维光量子集成芯片的重要途径。

6.3.7 其他微光学器件

近年来,光子器件不断朝着微型化、集成化的方向发展,传统的庞大的光学系统将日益芯片化、紧凑化,集成光学应运而生。利用飞秒激光直写技术可以在很多透明材料里制备出任意三维构型的微光学元件或结构[96-100],如微透镜、反射镜等。此外,飞秒激光还可以在材料中诱导色心、光功能微晶[101,102]。

精密的光学器件的性能在很大程度上取决于表面的粗糙度。飞秒激光直写技术制备的微结构的平均表面粗糙度一般在几十纳米的量级或以上,这一般会在表面引起强烈的散射,因此达不到光学应用的要求。为了改善飞秒激光直写造成的表面粗糙度,热退火[97-99]、二氧化碳激光回流[8]、火焰抛光技术[100]被用于实现光滑处理,其表面粗糙度可降至 1 nm 左右。在光敏玻璃或者熔石英玻璃里,当微结构已经被飞秒激光制备出来后,高温烘烤样品,让样品置于玻璃的软化温度以下,样品的表面会形成很薄的液化层,在表面自组织张力作用下,表面变得很光滑。激光回流、火焰抛光的机理也是基于自组织张力的作用。表面光滑处理后,微球透镜、柱面镜、微反射镜的光学性能已经可以满足一些应用领域的要求[97,99,103]。图 6.10 显示了光学微透镜在双光子荧光中的应用案例。该透镜的结构示意图见图 6.10(a);光学显微图见图 6.10(b),表面粗糙度在 1 nm 以上,它对 632.8 nm 波

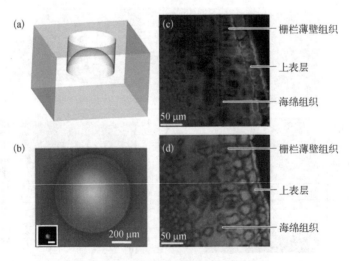

图 6.10 飞秒激光制备的微透镜[104]

(a) 结构示意图;(b) 光学显微图,插图为焦斑的近场分布,标尺为 5 μm;
(c) 与(d)分别为使用微透镜、显微物镜对叶组织的双光子荧光成像

长光聚焦的光斑如图 6.10(b)中的插图,焦点尺寸为 4 μm,接近光学衍射极限。利用该透镜对茶叶的细胞组织进行双光子荧光成像[104],其成像结果已接近低倍显微物镜(5×,NA= 0.15)的相应成像质量。

6.4 高品质光学微腔

作为光子学领域的重要研究前沿之一,回音壁模式光学微腔(简称微腔)通过在光滑的圆形界面上的连续全内反射长时间地将光子束缚在很小的体积内,同时具有很高的品质因子(即 Q 值)和很小的模式体积,其内部光场可以被增强百万倍以上,这显著地增强了光与物质的相互作用。它已被广泛应用于低阈值非线性光学[105-107]、低阈值激射[108,109]、量子电动力学[110,111]、光机械力学[112,113]、高灵敏的传感[114,115]等领域。微腔的工作性能以及制备工艺,通常依赖于构建微腔的衬底材料的固有性质。目前,芯片上的回音壁模式光学微腔,如微芯环腔[116]、微盘腔[117]和变形微腔[118]等,其主流的制备方案是基于平面光刻技术,通过干法或湿法刻蚀实现微纳制备。该方法虽然高效、成本低,但是其制备出来的微腔的几何构型一般是二维平面结构;能被光刻的湿法/干法刻蚀的材料种类有限,这将限制微腔的应用范围或水平,如图 6.11 所示;而且要将微腔与其他功能性结构,如光子学结构、微流控结构在单一芯片上进行三维功能集成也是一大挑战。这是由于在多数情况下,功能性结构的制备工艺不兼容。这些困难将阻碍光学微腔在上

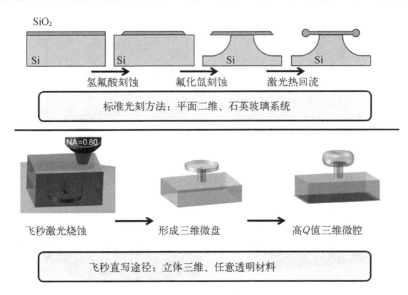

图 6.11　光刻方法[116]与激光直写[10]分别制备微腔的流程对比

述提到从非线性光学到高灵敏的生物传感等领域中的价值与性能的进一步拓展。

利用飞秒激光在透明介质上制备光学微腔将有望突破以上瓶颈。尽管飞秒激光微加工在透明材料上制备三维结构已经显示出很大的灵活性,但未经过其他手段处理的微结构的表面光滑度一般仍不足以支撑光子学级别的应用。随着表面粗糙度的逐步改善,直到2012年,飞秒激光微加工才被用于在介质材料中制备高品质的光学微腔[8]。从那时候开始,人们逐渐发展了飞秒激光微加工在玻璃[10,119]和晶体材料[120-122]上制备高品质微腔的方案。其一般步骤是液体辅助飞秒激光烧蚀或飞秒激光直写辅助的化学腐蚀直接制备出三维的微盘结构,再经过对微盘表面的光滑处理,形成高品质的微腔,如图6.11所示。

6.4.1 在玻璃上制备高品质的光学微腔

首先,我们介绍利用飞秒直写在熔石英玻璃衬底制备相对衬底以任意角度倾斜的微腔或者非等高的微腔[8]。制备的流程主要包括:① 飞秒激光直写,被激光辐照过的材料区域被选择性化学腐蚀,形成悬空的微盘结构;② 利用二氧化碳激光对微盘进行回流,提升品质因子,如图6.12所示。微结构制备的原理是:在飞秒激光直写时,熔石英玻璃被紧聚焦的飞秒激光脉冲辐照,目的是对预定义的材料区域进行辐照改性;接着,被飞秒激光辐照过的区域优先被化学腐蚀去除,形成由细支柱支撑的微盘。研究表明,熔石英玻璃被飞秒激光辐照过的区域与未辐照区域被氢氟酸腐蚀的速率比可达20∶1[4],被80℃的氢氧化钾溶液腐蚀的速率比可

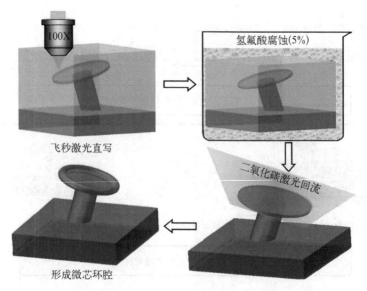

图6.12 飞秒激光直写在熔石英衬底制备微腔的流程[8]

达 500∶1[5]，因此被辐照过的区域优先被化学腐蚀，留下未腐蚀的区域。这里，微腔的外围材料区域经过飞秒激光辐照，被选择性腐蚀去除了，而保留了没被辐照的区域形成微腔。待激光扫描结束，样品浸泡在浓度为 5% 氢氟酸的水溶液中，历经约 20 min 的化学腐蚀，形成芯片上的悬空的微盘结构。最后，二氧化碳激光热回流被用于降低微盘的表面粗糙度。熔石英玻璃通过吸收二氧化碳激光被加热，表层被液化，产生了表面张力。该表面张力可让微盘产生光滑的表面。经过热处理以后，三维微腔的结构见图 6.13，飞秒激光直写在制备三维微腔方面体现出了很大的灵活性，如相对于衬底，微腔的倾斜角度可被任意调节，使得微腔腔模可以分布在与衬底成任意倾斜角度的平面。对于同一衬底上形成的多个独立微腔，每个微腔的高度也可以任意设定。经测量，飞秒激光制备的石英玻璃微腔的品质因子可达约 7×10^7。飞秒激光也可以在其他玻璃上，如钕离子掺杂的硅酸盐玻璃制备高品质的微腔[10]。

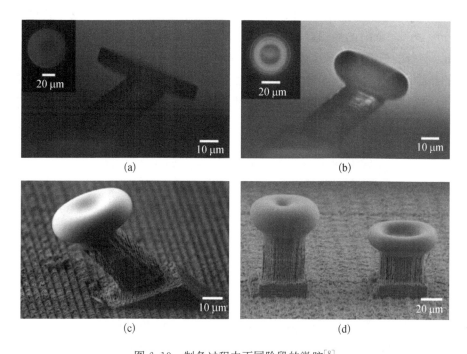

图 6.13　制备过程中不同阶段的微腔[8]

(a)与(b)分别为激光回流前、后的微腔光学显微图，插图为俯视图；(c)与(d)分别为回流后的单个、双个微腔的扫描电镜图

6.4.2　制备高品质的晶体微腔

由于介质晶体独特的性质，如大的非线性系数、低的本征吸收损耗、宽的透明窗口，介质晶体回音壁模式微腔在非线性光学、量子光源等应用领域具有很重要的

价值[123-126]。迄今为止,由于芯片上材料生长以及难以被光刻方法刻蚀,高品质的晶体谐振腔主要采用机械抛光的方法制备[126],腔的尺寸一般被限制在毫米,且难以集成到芯片上的小型化光子回路中。

2014 年,飞秒激光被用来在铌酸锂晶片上制备亚毫米尺寸的高品质铌酸锂($LiNbO_3$,LN)微腔[121,122]。实验采用 z 切铌酸锂薄膜来制备微腔。铌酸锂薄膜被键合在铌酸锂衬底上的二氧化硅层上,形成"三明治"结构。薄膜的厚度约 700 nm,二氧化硅层的厚度约 2 μm。微腔制备的步骤如图 6.14 所示,包括[121,122]: ① 对浸泡在水中的样品进行飞秒激光刻蚀,形成高度为 15 μm 的微柱体,如图 6.15(a)所示;② 利用聚焦离子束研磨柱体的侧面,如图 6.15(b)所示,其尺寸为 55 μm,由图可见侧壁已经很光滑,更小尺寸的结构件如图 6.15(c)所示;③ 用 5% 浓度的氢氟酸水溶液对样品进行化学腐蚀,将中间的二氧化硅层腐蚀成细支柱,至此在铌酸锂衬底上形成由二氧化硅支柱支撑的铌酸锂微盘;④ 高温退火修复由聚焦离子束引入的材料缺陷,如图 6.15(d)所示,其尺寸为 55 μm。图 6.15(d)的插图显示了微腔的侧面,微盘与衬底之间是悬空的,间隔为 2 μm。制备的悬空微腔具有光滑的边缘,可在 1 550 nm 波长附近支撑高达 2.45×10^6 的品质因子[122]。该品质因子已经接近材料的本征吸收损耗限制的品质因子[123]。这种微腔已经被用于产生低泵浦功率的二次谐波,其归一化转换效率为 1.1×10^{-3} mW^{-1}[127]。

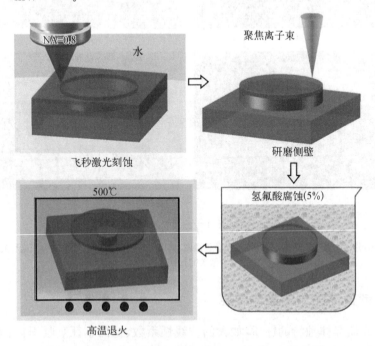

图 6.14 飞秒激光直写制备铌酸锂微腔的示意图[121]

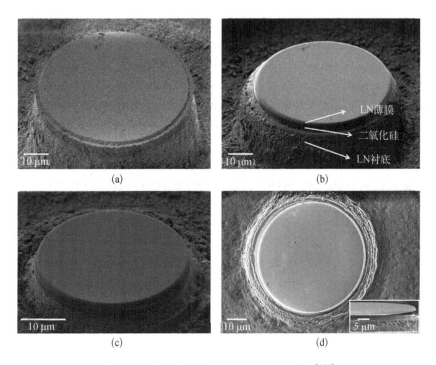

图 6.15 各个制备过程的微结构扫描电镜[121]

(a) 飞秒激光刻蚀后的微柱体;(b) 与(c)分别为聚焦离子束研磨边缘后不同尺寸的微结构;
(d) 化学腐蚀、退火后,尺寸为 55 μm 的微盘,插图为微腔的侧视图

参 考 文 献

[1] Sugioka K, Cheng Y. Ultrafast lasers — reliable tools for advanced materials processing. Light: Science & Applications, 2014, 3(4): e149.

[2] Davis K M, Miura K, Sugimoto N, et al. Writing waveguides in glass with a femtosecond laser. Optics Letters, 1996, 21(21): 1729 - 1731.

[3] Glezer E N, Milosavljevic M, Huang L, et al. Three-dimensional optical storage inside transparent materials. Optics Letters, 1996, 21(24): 2023 - 2025.

[4] Marcinkevičius A, Juodkazis S, Watanabe M, et al. Femtosecond laser-assisted three-dimensional microfabrication in silica. Optics Letters, 2001, 26(5): 277 - 279.

[5] Kiyama S, Matsuo S, Hashimoto S, et al. Examination of etching agent and etching mechanism on femotosecond laser microfabrication of channels inside vitreous silica substrates. The Journal of Physical Chemistry C, 2009, 113(27): 11560 - 11566.

[6] Sugioka K, Cheng Y. Femtosecond laser processing for optofluidic fabrication. Lab on a Chip, 2012, 12(19): 3576 - 3589.

[7] Sugioka K, Cheng Y. Ultrafast Laser Processing: From Micro- to Nanoscale. Singapore: PAN STANFORD, 2013.

[8] Lin J, Yu S, Ma Y, et al. On-chip three-dimensional high-Q microcavities fabricated by femtosecond laser direct writing. Optics Express, 2012, 20(9): 10212-10217.

[9] Li Y, Itoh K, Watanabe W, et al. Three-dimensional hole drilling of silica glass from the rear surface with femtosecond laser pulses. Optics Letters, 2001, 26(23): 1912-1914.

[10] Lin J, Xu Y, Song J, et al. Low-threshold whispering-gallery-mode microlasers fabricated in aNd: glass substrate by three-dimensional femtosecond laser micromachining. Optics Letters, 2013, 38(9): 1458-1460.

[11] Liao Y, Xu J, Sun H, et al. Fabrication of microelectrodes deeply embedded in $LiNbO_3$ using a femtosecond laser. Applied Surface Science, 2008, 254(21): 7018-7021.

[12] Liao Y, Xu J, Cheng Y, et al. Electro-optic integration of embedded electrodes and waveguides in $LiNbO_3$ using a femtosecond laser. Optics Letters, 2008, 33(19): 2281-2283.

[13] Tang J, Lin J, Song J, et al. On-chip tuning of the resonant wavelength in a high-Q microresonator integrated with a microheater. International Journal of Optomechatronics, 2015, 9(2): 187-194.

[14] Kip D. Photorefractive waveguides in oxide crystals: fabrication, properties, and applications. Applied Physics B: Lasers and Optics, 1998, 67(2): 131-150.

[15] Korkishko Y N, Fedorrov V A, Morozova T M, et al. Reverse proton exchange for buried waveguides in $LiNbO_3$. Journal of the Optical Society of America A, 1998, 15: 1838-1842.

[16] Uetsuhara H, Goto S, Nakata Y, et al. Fabrication of a Ti: sapphire planar waveguide by pulsed laser deposition. Applied Physics A, 1999, 69(1): S719-S722.

[17] Bolaños W, Carvajal J J, Mateos X, et al. Analysis of confinement effects on microstructured Ln^{3+}: $KY_{1-x-y}Gd_xLu_y(WO_4)_2$ waveguides. Optical Materials Express, 2011, 1(3): 306-315.

[18] Sohler W, Hu H, Ricken R, et al. Integrated optical devices in lithium niobate. Optics and Photonics News, 2008, 19(1): 24-31.

[19] Nolte S, Will M, Burghoff J, et al. Femtosecond waveguide writing: a new avenue to three-dimensional integrated optics. Applied Physics A, 2003, 77(1): 109-111.

[20] Streltsov A M, Borrelli N F. Study of femtosecond-laser-written waveguides in glasses. Journal of the Optical Society of America A, 2002, 19(10): 2496-2504.

[21] Chan J W, Huser T, Risbud S, et al. Structural changes in fused silica after exposure to focused femtosecond laser pulses. Optics Letters, 2001, 26(21): 1726-1728.

[22] Itoh K, Watanabe W, Nolte S, et al. Ultrafast processes for bulk modification of transparent materials. MRS bulletin, 2006, 31(08): 620-625.

[23] Ams M, Marshall G D, Dekker P, et al. Investigation of ultrafast laser–photonic material interactions: challenges for directly written glass photonics. IEEE Journal of Selected Topics in Quantum Electronics, 2008, 14(5): 1370-1381.

[24] Eaton S, Zhang H, Herman P, et al. Heat accumulation effects in femtosecond laser-written waveguides with variable repetition rate. Optics Express, 2005, 13(12): 4708-4716.

[25] Schaffer C B, Brodeur A, García J F, et al. Micromachining bulk glass by use of femtosecond laser pulses with nanojoule energy. Optics Letters, 2001, 26(2): 93-95.

[26] Osellame R, Chiodo N, Maselli V, et al. Optical properties of waveguides written by a 26 MHz stretched cavity Ti: sapphire femtosecond oscillator. Optics Express, 2005, 13(2): 612-620.

[27] Florea C, Winick K A. Fabrication and characterization of photonic devices directly written in glass using femtosecond laser pulses. Journal of Lightwave Technology, 2003, 21(1): 246-253.

[28] Okamura Y, Yoshinaka S, Yamamoto S. Measuring mode propagation losses of integrated optical waveguides: a simple method. Applied Optics, 1983, 22(23): 3892-3894.

[29] Osellame R, Gerullo G, Ramponi R. Femtosecond laser micromachining. Heidelberg: Springer, 2012.

[30] Hibino Y. Silica-based planar lightwave circuits and their applications. MRS bulletin, 2003, 28(05): 365-371.

[31] Miya T, Terunuma Y, Hosaka T, et al. Ultimate low-loss single-mode fibre at 1.55 μm. Electronics Letters, 1979, 15(4): 106-108.

[32] Watanabe W, Asano T, Yamada K, et al. Wavelength division with three-dimensional couplers fabricated by filamentation of femtosecond laser pulses. Optics Letters, 2003, 28(24): 2491-2493.

[33] Nasu Y, Kohtoku M, Hibino Y. Low-loss waveguides written with a femtosecond laser for flexible interconnection in a planar light-wave circuit. Optics Letters, 2005, 30(7): 723-725.

[34] Thomson R R, Bookey H T, Psaila N, et al. Internal gain from an erbium-doped oxyfluoride-silicate glass waveguide fabricated using femtosecond waveguide inscription. IEEE Photonics Technology Letters, 2006, 18(14): 1515-1517.

[35] Shah L, Arai A, Eaton S, et al. Waveguide writing in fused silica with a femtosecond fiber laser at 522 nm and 1 MHz repetition rate. Optics Express, 2005, 13(6): 1999-2006.

[36] Tong L, Gattass R R, Maxwell I, et al. Optical loss measurements in femtosecond laser written waveguides in glass. Optics Communications, 2006, 259(2): 626-630.

[37] Wortmann D, Ramme M, Gottmann J. Refractive index modification using fs-laser double pulses. Optics Express, 2007, 15(16): 10149-10153.

[38] Wang Z, Sugioka K, Hanada Y, et al. Optical waveguide fabrication and integration with a micro-mirror inside photosensitive glass by femtosecond laser direct writing. Applied Physics A, 2007, 88(4): 699-704.

[39] Eggleton B J, Luther-Davies B, Richardson K. Chalcogenide photonics. Nature Photonics,

2011, 5(3): 141-148.

[40] Anderson T, Petit L, Carlie N, et al. Femtosecond laser photo-response of $Ge_{23}Sb_7S_{70}$ films. Optics Express, 2008, 16(24): 20081-20098.

[41] Zoubir A, Richardson M, Rivero C, et al. Direct femtosecond laser writing of waveguides in As_2S_3 thin films. Optics Letters, 2004, 29(7): 748-750.

[42] Osellame R, Taccheo S, Marangoni M, et al. Femtosecond writing of active optical waveguides with astigmatically shaped beams. Journal of the Optical Society of America B, 2003, 20(7): 1559-1567.

[43] Chan J W, Huser T R, Risbud S H, et al. Waveguide fabrication in phosphate glasses using femtosecond laser pulses. Applied Physics Letters, 2003, 82(15): 2371-2373.

[44] Eaton S M, Zhang H, Ng M L, et al. Transition from thermal diffusion to heat accumulation in high repetition rate femtosecond laser writing of buried optical waveguides. Optics Express, 2008, 16(13): 9443-9458.

[45] Chen F, Aldana J R. Optical waveguides in crystalline dielectric materials produced by femtosecond-laser micromachining. Laser & Photonics Reviews, 2014, 8(2): 251-275.

[46] Gorelik T, Will M, Nolte S, et al. Transmission electron microscopy studies of femtosecond laser induced modifications in quartz. Applied Physics A, 2003, 76(3): 309-311.

[47] Burghoff J, Nolte S, Tünnermann A. Origins of waveguiding in femtosecond laser-structured $LiNbO_3$. Applied Physics A, 2007, 89: 127-132.

[48] Burghoff J, Grebing C, Nolte S, et al. Efficient frequency doubling in femtosecond laser-written waveguides in lithium niobate. Applied Physics Letters, 2006, 89(8): 081108.

[49] Gui L, Xu B, Chong T C. Microstructure in lithium niobate by use of focused femtosecond laser pulses. IEEE Photonics Technology Letters, 2004, 16(5): 1337-1339.

[50] Kuo C T, Huang S Y. Enhancement of diffraction of dye-doped polymer film assisted with nematic liquid crystals. Applied Physics Letters, 2006, 89(11): 111109.

[51] Bookey H T, Thomson R R, Psaila N D, et al. Femtosecond laser inscription of low insertion loss waveguides in z-cut lithium niobate. IEEE Photonics Technology Letters, 2007, 19(12): 892-894.

[52] Lee Y L, Yu N E, Jung C, et al. Second-harmonic generation in periodically poled lithium niobate waveguides fabricated by femtosecond laser pulses. Applied Physics Letters, 2006, 89(17): 1103.

[53] Macdonald J R, Thomson R R, Beecher S J, et al. Ultrafast laser inscription of near-infrared waveguides in polycrystalline ZnSe. Optics Letters, 2010, 35(23): 4036-4038.

[54] Rodenas A, Kar A K. High-contrast step-index waveguides in borate nonlinear laser crystals by 3D laser writing. Optics Express, 2011, 19(18): 17820-17833.

[55] Osellame R, Gerullo G, Ramponi R. Femtosecond laser micromachining. Berlin Heidelberg: Springer-Verlag, 2012.

[56] Osellame R, Lobino M, Chiodo N, et al. Femtosecond laser writing of waveguides in

periodically poled lithium niobate preserving the nonlinear coefficient. Applied Physics Letters, 2007, 90(24): 241107.

[57] Burghoff J, Hartung H, Nolte S, et al. Structural properties of femtosecond laser-induced modifications in LiNbO$_3$. Applied Physics A, 2007, 86(2): 165-170.

[58] Kelly S M J, Smith K, Blow K J, et al. Average soliton dynamics of a high-gain erbium fiber laser. Optics Letters, 1991, 16(17): 1337-1339.

[59] Ródenas A, Torchia G A, Lifante G, et al. Refractive index change mechanisms in femtosecond laser written ceramic Nd: YAG waveguides: micro-spectroscopy experiments and beam propagation calculations. Applied Physics B, 2009, 95(1): 85-96.

[60] Torchia G A, Rodenas A, Benayas A, et al. Highly efficient laser action in femtosecond-written Nd: yttrium aluminum garnet ceramic waveguides. Applied Physics Letters, 2008, 92(11): 111103.

[61] Siebenmorgen J, Petermann K, Huber G, et al. Femtosecond laser written stress-induced Nd: Y$_3$Al$_5$O$_{12}$ (Nd: YAG) channel waveguide laser. Applied Physics B, 2009, 97(2): 251-255.

[62] Okhrimchuk A G, Shestakov A V, Khrushchev I, et al. Depressed cladding, buried waveguide laser formed in a YAG: Nd^{3+} crystal by femtosecond laser writing. Optics Letters, 2005, 30(17): 2248-2250.

[63] Thomas J, Heinrich M, Burghoff J, et al. Femtosecond laser-written quasi-phase-matched waveguides in lithium niobate. Applied Physics Letters, 2007, 91(15): 151108.

[64] Zhang S, Yao J, Shi Q, et al. Fabrication and characterization of periodically poled lithium niobate waveguide using femtosecond laser pulses. 2008, Applied Physics Letters, 92 (23): 231106.

[65] Huang Z, Tu C, Zhang S, et al. Femtosecond second-harmonic generation in periodically poled lithium niobate waveguides written by femtosecond laser pulses. Optics Letters, 2010, 35(6): 877-879.

[66] Ródenas A, Maestro L M, Ramírez M O, et al. Anisotropic lattice changes in femtosecond laser inscribed Nd^{3+}: MgO: LiNbO$_3$ optical waveguides. Journal of Applied Physics, 2009, 106(1): 13110.

[67] Dreisow F, Thomas J, Burghoff J, et al. Efficient frequency doubling in fs-laser written waveguides in PPLN and BBO. SPIE Photonics West/LASE, 2008, paper 6879A-34.

[68] Osellame R, Gerulog G, Ramponi R. Femtosecond Laser Micromachining. Berlin Heidelberg: Springer-Verlag, 2012.

[69] Homoelle D, Wielandy S, Gaeta A L, et al. Infrared photosensitivity in silica glasses exposed to femtosecond laser pulses. Optics Letters, 1999, 24(18): 1311-1313.

[70] Liu J, Zhang Z, Chang S, et al. Directly writing of 1-to-N optical waveguide power splitters in fused silica glass using a femtosecond laser. Optics Communications, 2005, 253(4): 315-319.

[71] Sansoni L, Sciarrino F, Vallone G, et al. Polarization entangled state measurement on a chip. Physical Review Letters, 2010, 105(20): 200503.

[72] Streltsov A M, Borrelli N F. Fabrication and analysis of a directional coupler written in glass by nanojoule femtosecond laser pulses. Optics Letters, 2001, 26(1): 42-43.

[73] Kowalevicz A M, Sharma V, Ippen E P, et al. Three-dimensional photonic devices fabricated in glass by use of a femtosecond laser oscillator. Optics Letters, 2005, 30(9): 1060-1062.

[74] Minoshima K, Kowalevicz A, Ippen E, et al. Fabrication of coupled mode photonic devices in glass by nonlinear femtosecond laser materials processing. Optics Express, 2002, 10(15): 645-652.

[75] Li G, Winick K A, Said A A, et al. Waveguide electro-optic modulator in fused silica fabricated by femtosecond laser direct writing and thermal poling. Optics Letters, 2006, 31(6): 739-741.

[76] Thomas J, Heinrich M, Zeil P, et al. Laser direct writing: enabling monolithic and hybrid integrated solutions on the lithium niobate platform. Physica Status Solidi (a), 2011, 208(2): 276-283.

[77] Ringleb S, Rademaker K, Nolte S, et al. Monolithically integrated optical frequency converter and amplitude modulator in $LiNbO_3$ fabricated by femtosecond laser pulses. Applied Physics B, 2011, 102(1): 59-63.

[78] Horn W, Kroesen S, Herrmann J, et al. Electro-optical tunable waveguide Bragg gratings in lithium niobate induced by femtosecond laser writing. Optics Express, 2012, 20(24): 26922-26928.

[79] Sikorski Y, Said A A, Bado P, et al. Optical waveguide amplifier in Nd-doped glass written with near-IR femtosecond laser pulses. Electronics Letters, 2000, 36(3): 226-227.

[80] Taccheo S, Della Valle G, Osellame R, et al. Er:Yb-doped waveguide laser fabricated by femtosecond laser pulses. Optics Letters, 2004, 29(22): 2626-2628.

[81] Osellame R, Taccheo S, Cerullo G, et al. Optical gain in Er-Yb doped waveguides fabricated by femtosecond laser pulses. Electronics Letters, 2002, 38(17): 964-965.

[82] Shen S, Jha A. The influence of F^--ion doping on the fluorescence ($^4I_{13/2} \rightarrow {}^4I_{15/2}$) line shape broadening in Er^{3+}-doped oxyfluoride silicate glasses. Optical Materials, 2004, 25(3): 321-333.

[83] Thomson R R, Campbell S, Blewett I J, et al. Active waveguide fabrication in erbium-doped oxyfluoride silicate glass using femtosecond pulses. Applied Physics Letters, 2005, 87(12): 121102.

[84] Fujimoto Y, Nakatsuka M. Infrared luminescence from bismuth-doped silica glass. Japanese Journal of Applied Physics, 2001, 40(3B): L279.

[85] Della Valle G, Osellame R, Chiodo N, et al. C-band waveguide amplifier produced by femtosecond laser writing. Optics Express, 2005, 13(16): 5976-5982.

[86] Della Valle G, Osellame R, Galzerano G, et al. Passive mode locking by carbon nanotubes in a femtosecond laser written waveguide laser. Applied Physics Letters, 2006, 89(23): 231115.

[87] Marshall G D, Dekker P, Ams M, et al. Directly written monolithic waveguide laser incorporating a distributed feedback waveguide-Bragg grating. Optics Letters, 2008, 33(9): 956–958.

[88] Li G, Winick K A, Said A A, et al. Waveguide electro-optic modulator in fused silica fabricated by femtosecond laser direct writing and thermal poling. Optics Letters, 2006, 31(6): 739–741.

[89] Matthews J C F, Politi A, Stefanov A, et al. Manipulation of multiphoton entanglement in waveguide quantum circuits. Nature Photonics, 2009, 3(6): 346–350.

[90] Marshall G D, Politi A, Matthews J C F, et al. Laser written waveguide photonic quantum circuits. Optics Express, 2009, 17(15): 12546–12554.

[91] Crespi A, Osellame R, Ramponi R, et al. Integrated multimode interferometers with arbitrary designs for photonic boson sampling. Nature Photonics, 2013, 7(7): 545–549.

[92] O'Brien J L, Furusawa A, Vučković J. Photonic quantum technologies. Nature Photonics, 2009, 3(12): 687–695.

[93] Spagnolo N, Vitelli C, Aparo L, et al. Three-photon bosonic coalescence in an integrated tritter. Nature Communications, 2013, 4: 1606.

[94] Crespi A, Osellame R, Ramponi R, et al. Anderson localization of entangled photons in an integrated quantum walk. Nature Photonics, 2013, 7(4): 322–328.

[95] Spagnolo N, Vitelli C, Bentivegna M, et al. Experimental validation of photonic boson sampling. Nature Photonics, 2014, 8(8): 615–620.

[96] Gattass R R, Mazur E. Femtosecond laser micromachining in transparent materials. Nature Photonics, 2008, 2(4): 219–225.

[97] Cheng Y, Sugioka K, Midorikawa K, et al. Three-dimensional micro-optical components embedded in photosensitive glass by a femtosecond laser. Optics Letters, 2003, 28(13): 1144–1146.

[98] Cheng Y, Sugioka K, Masuda M, et al. Optical gratings embedded in photosensitive glass by photochemical reaction using a femtosecond laser. Optics Express, 2003, 11(15): 1809–1816.

[99] Cheng Y, Tsai H L, Sugioka K, et al. Fabrication of 3D microoptical lenses in photosensitive glass using femtosecond laser micromachining. Applied Physics A, 2006, 85(1): 11–14.

[100] He F, Cheng Y, Qiao L, et al. Two-photon fluorescence excitation with a microlens fabricated on the fused silica chip by femtosecond laser micromachining. Applied Physics Letters, 2010, 96(4): 041108.

[101] Efimov O M, Gabel K, Garnov S V, et al. Color-center generation in silicate glasses

exposed to infrared femtosecond pulses. Journal of the Optical Society of America B, 1998, 15(1): 193 - 199.

[102] Miura K, Qiu J, Mitsuyu T, et al. Space-selective growth of frequency-conversion crystals in glasses with ultrashort infrared laser pulses. Optics Letters, 2000, 25(6): 408 - 410.

[103] Wang Z, Sugioka K, Midorikawa K. Three-dimensional integration of microoptical components buried inside photosensitive glass by femtosecond laser direct writing. Applied Physics A, 2007, 89(4): 951 - 955.

[104] Qiao L, He F, Wang C, et al. Fabrication of a micro-optical lens using femtosecond laser 3D micromachining for two-photon imaging of bio-tissues. Optics Communications, 2011, 284(12): 2988 - 2991.

[105] Spillane S M, Kippenberg T J, Vahala K J. Ultralow-threshold Raman laser using a spherical dielectric microcavity. 2002, Nature, 415(6872): 621 - 623.

[106] Del'Haye P, Schliesser A, Arcizet O, et al. Optical frequency comb generation from a monolithic microresonator. Nature, 2007, 450(7173): 1214 - 1217.

[107] Carmon T, VahalaK J. Visible continuous emission from a silica microphotonic device by third-harmonic generation. Nature Physics, 2007, 3(6): 430 - 435.

[108] He L, Özdemir S K, Yang L. Whispering gallery microcavity lasers. Laser & Photonics Reviews, 2013, 7(1): 60 - 82.

[109] Jiang X F, Xiao Y F, Zou C L, et al. Highly unidirectional emission and ultralow-threshold lasing from on-chip ultrahigh-Q microcavities. Advanced Materials, 2012, 24 (35): OP260 - OP264.

[110] Aoki T, Dayan B, Wilcut E, et al. Observation of strong coupling between one atom and a monolithic microresonator. Nature, 2006, 443(7112): 671 - 674.

[111] Peter E, Senellart P, Martrou D, et al. Exciton-photon strong-coupling regime for a single quantum dot embedded in a microcavity. Physical Review Letters, 2005, 95(6): 067401.

[112] Aspelmeyer M, Kippenberg T J, Marquardt F. Cavity optomechanics. Reviews of Modern Physics, 2014, 86(4): 1391.

[113] Dong C, Fiore V, Kuzyk M C, et al. Optomechanical dark mode. Science, 2012, 338 (6114): 1609 - 1613.

[114] Li H, Shang L, Tu X, et al. Coupling variation induced ultrasensitive label-free biosensing by using single mode coupled microcavity laser. Journal of the American Chemical Society, 2009, 131(46): 16612 - 16613.

[115] Vollmer F, Arnold S. Whispering-gallery-mode biosensing: label-free detection down to single molecules. Nature Methods, 2008, 5(7): 591 - 596.

[116] Armani D K, Kippenberg T J, Spillane S M, et al. Ultra-high-Q toroid microcavity on a chip. Nature, 2003, 421(6926): 925 - 928.

[117] McCall S L, Levi A F J, Slusher R E, et al. Whispering-gallery mode microdisk lasers. Applied Physics Letters, 1992, 60(3): 289 - 291.

[118] Gmachl C, Capasso F, Narimanov E E, et al. High-power directional emission from microlasers with chaotic resonators. Science, 1998, 280(5369): 1556-1564.

[119] Tada K, Cohoon G A, Kieu K, et al. Fabrication of high-Q microresonators using femtosecond laser micromachining. IEEE Photonics Technology Letters, 2013, 25(5): 430-433.

[120] Lin J, Xu Y, Tang J, et al. Fabrication of three-dimensional microdisk resonators in calcium fluoride by femtosecond laser micromachining. Applied Physics A, 2014, 16(4): 2019-2013.

[121] Lin J, Xu Y, Fang Z, et al. Fabrication of high-Q lithium niobatemicroresonators using femtosecond laser micromachining. Scientific Reports, 2015, 5: 8072.

[122] Lin J, Xu Y, Song J, et al. Femtosecond laser direct writing of high-Q microresonator in glass and crystals. SPIE LASE. International Society for Optics and Photonics, 2015: 934310-934310-15.

[123] IlchenkoV S, SavchenkovA A, MatskoA B, et al. Nonlinear optics and crystalline whispering gallery mode cavities. Physical Review Letters, 2004, 92(4): 043903.

[124] Fürst J U, Strekalov D V, Elser D, et al. Quantum light from a whispering-gallery-mode disk resonator. Physical Review Letters, 2011, 106(11): 113901.

[125] Förtsch M, Fürst J U, Wittmann C, et al. A versatile source of single photons for quantum information processing. Nature Communications, 2013, 4: 1818.

[126] Savchenkov A A, Ilchenko V S, Matsko A B, et al. Kilohertz optical resonances in dielectric crystal cavities. Physical Review A, 2004, 70(5): 051804(R).

[127] Lin J, Xu Y, Fang Z, et al. Efficient second harmonic generation in an on-chip high-Q crystalline microresonator fabricated by femtosecond laser. SPIE LASE. International Society for Optics and Photonics, 2016: 972710-972710-6.

第7章

飞秒激光直写制备微流控芯片和集成光流器件

近年来,微流体技术(microfluidic technology)快速兴起,并已经在化学和生物分析领域形成了革命性的冲击[1]。在化学和生物分析中,被分析的样品往往处于液相环境中,因此需要对流体进行各种操作。传统的分析实验通常在较大的容器中进行,反应时间长,需要消耗较多的样品和试剂,并产生大量的废物。通过把流体的功能比如阀、计量、混合、传输和分离集成到一个衬底上,微流控系统可以用来高精度地控制和操作微小体积的液体,使得化学和生物分析系统的尺寸大大减小[2,3]。光流器件则更进一步地将光学功能集成到微流芯片上,不仅可以免除化学和生物检测应用中必要的外部的光学分析系统,还促进了可调谐和可重构的光子学器件的发展[4]。

现在,最普遍的微流制备技术是基于聚合物(聚二甲基硅氧烷,PDMS)衬底的软光刻[5]。尽管这种制备方式快速,成本不高,但不通过堆叠和连接,软光刻技术并不能在透明衬底上直接制备诸如微通道和微腔的三维微流结构;而且,不同于玻璃,PDMS和很多有机溶剂化学不兼容,组分不均经常会导致光学散射的发生。因此,需要发展一些新的方案来克服这些困难。

飞秒激光的出现解决了这一难题。得益于极短的脉宽,飞秒激光很容易产生极高的峰值功率,从而使光与物质发生多光子吸收或隧穿电离等非线性作用[6-8]。通过飞秒激光直写技术对透明介质进行加工有如下独特的优势[9]:① 飞秒激光与透明材料的相互作用被限制在焦斑的中心区域,只有在此区域激光光强才能达到多光子吸收的阈值条件,从而可以实现高精度的三维加工[10];② 飞秒激光可以精细调节甚至改变材料的物理化学特性,包括材料的折射率、化学腐蚀速率等[11-14];③ 飞秒激光加工是一种无掩膜的单步加工技术,不需要昂贵的超净室和加工设备,适合于器件研发阶段的快速成型。这些特性使飞秒激光直写技术成为加工微流控器件及集成光流器件的重要工具。

本章介绍了飞秒激光直写制备微流控芯片和集成光流器件及其在生化传感领域中的应用。我们首先综述在透明介质材料中制备微流结构的主要技术，介绍如何制备三维微光学模块和集成三维光流系统，然后给出微流控芯片和光流器件在生物医学应用中的几个实例，结尾讨论未来的方向和需要解决的一些挑战。

7.1 飞秒激光辅助湿法化学刻蚀制备微流结构

早在20世纪50年代，S. Donald Stookey 就发现通过紫外(UV)线辐照的单光子吸收，光敏玻璃可以被用于光刻[15]。目前较常使用的是一种名为 Foturan 的光敏玻璃[16]，它是由锂铝硅酸盐玻璃掺杂一定量的银(Ag)和铈(Ce)组成的，通常可以用紫外(290～330 nm)光刻技术在 Foturan 玻璃表面制备各种微纳结构，主要包括曝光、结晶和化学刻蚀三个步骤。在紫外线的辐照下 Ce^{3+} 失去一个电子变成 Ce^{4+}，一些银离子俘获自由电子后被还原成银原子，在随后的热处理过程中，这些银原子会发生扩散和聚集并在大约 500℃ 时形成团簇，在 600℃ 左右时偏硅酸锂开始以这些银原子团簇为晶核逐步形成微晶。由于晶态的偏硅酸锂在氢氟酸中的腐蚀速率远高于玻璃基体，因而它可以优先被腐蚀掉，形成光刻微结构[17]。

然而，由于紫外线能够在 Foturan 玻璃表面被吸收，因此它仅能用于在样品表面制备微结构。为了克服这一局限性，人们开始使用 355 nm 的纳秒脉冲激光以及 400 nm 和 755 nm 的飞秒激光[18,19]。这些激光工作在非共振波段，因而可以深入玻璃内部制备三维结构而不会对玻璃表面造成任何损伤，这种作用机制正是焦点处高强度的光场所诱导的多光子效应。目前，尽管 355 nm 的纳秒脉冲激光与 Foturan 玻璃的相互作用已经被判明是一个双光子过程[19]，但飞秒激光与 Foturan 玻璃的作用机制仍缺乏明确的证据和解释，并有待进一步的研究。

图 7.1 描述了在 Foturan 玻璃中制备微流结构的总体流程，包括如下三个步骤[20]：① 紧聚焦的飞秒激光光束在 Foturan 玻璃内部扫描形成潜在的结构；② 退火处理，把潜在的结构转变成可腐蚀的相态，由于银纳米颗粒的形成，激光改性区域变为棕色；③ 放置在 10% 氢氟酸中超声浴，通过湿化学腐蚀将激光改性区域去除。一般而言，化学腐蚀直接得到的中空微结构内壁比较粗糙，其粗糙度一般都在几十纳米，可以通过进一步的退火处理将粗糙度降低到几个纳米或者更小[21]，以满足光流集成的需要。为了防止制备的微结构变形，退火是在相对于 Foturan 玻璃熔点(659℃)较低的温度(570℃)下完成的。在该温度下玻璃的表面可以形成较薄的液体层，在液体表面张力的作用下可以形成平滑的内壁[22]。

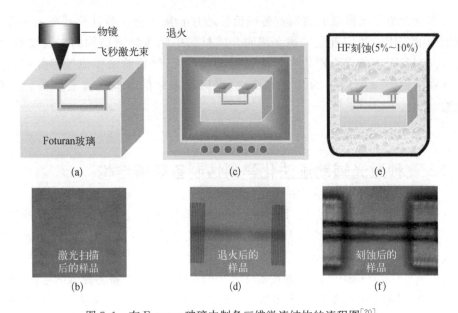

图 7.1 在 Foturan 玻璃中制备三维微流结构的流程图[20]

(a) 飞秒激光辐照；(b) 激光扫描后的样品；(c) 退火处理；(d) 退火后的样品；(e) 化学腐蚀；
(f) 化学腐蚀后在玻璃中形成中空的结构

图 7.2(a)所示是利用上述方法制备的三维微混合反应器，它是通过将微流体通道和微腔体连接组合起来形成的[23]。除此之外，还可以利用这种办法制备微流阀等三维结构[图 7.2(b)][24]。无论结构多么复杂，所有的三维微结构都可以通过玻璃内部连续的激光扫描一步形成，从而避免了传统制备工艺复杂的层叠、键合步骤，这一独特的特性意味着三维飞秒激光微加工在制备三维微流结构上具有无可比拟的优势。

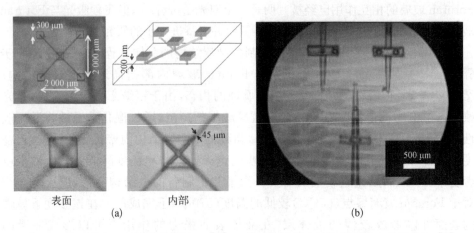

图 7.2 大规模交叉通道的微结构(a)[23]；三维垂直的微流结构的光学显微图像(b)[24]

Foturan 玻璃在光诱导下的选择性刻蚀特性同样也可以发生在非光敏性玻璃中。2001 年,人们利用飞秒激光辐照石英玻璃也发现了辐照区具有选择性的可刻蚀特性[25]。石英玻璃是一种只含二氧化硅单一成分的均匀度很高的非晶态玻璃,它具有一系列优良的物理化学性能,如耐高温、耐腐蚀(氢氟酸除外)、热稳定性好、透光性能好、电绝缘性能好等特性,此外它的生物可兼容性较强。特别是相比 Foturan 玻璃,由于石英玻璃内部杂质少,其自身的背景荧光很弱,这对基于荧光观察的生化分析尤为重要,而且它更容易获得。因此,石英玻璃不仅是制备多功能微器件的良好材料,也是生物芯片的极佳基底材料。

2004 年,Bellouard 等利用飞秒激光辐照结合化学腐蚀的方法在石英玻璃表面制备出开放的具有高纵横比的微通道[26],引起人们的关注。2005 年,Hnatovsky 等发现飞秒激光诱导石英玻璃选择性腐蚀特性强烈依赖于直写脉冲的偏振方向,并指出这一现象是由飞秒激光诱导产生的周期性纳米光栅结构所导致的[27]。这些纳米光栅结构由周期性的与激光偏振方向垂直的纳米面组成,相对于未经辐照的区域,这些纳米面具有更高的腐蚀速率[28,29]。因此,为获得最高的腐蚀速率,纳米光栅必须和微通道方向平行。通过这些优化,飞秒激光辐照在石英玻璃内部诱导的腐蚀选择性和光敏玻璃可比拟。

最近,Kiyama 等还发现,使用氢氧化钾(KOH)溶液作为腐蚀剂,腐蚀选择性可以被进一步提升[30]。图 7.3 展示的是通过将经飞秒激光直写后的石英玻璃样品分别浸在 KOH 和 HF 溶液中腐蚀制备的微流通道。KOH 溶液和 HF 溶液的浓度分别为 35.8% 和 2.0%,石英衬底的长度为 9.2 mm,飞秒激光采用 40 倍物镜(NA:0.65)聚焦,激光扫描方向与飞秒激光的偏振方向平行。使用 KOH 溶液腐蚀时,样品放入 80°C 的 KOH 溶液中腐蚀 60 h,所用激光脉冲能量从图 7.3(a)~(e)分别为 500 nJ,400 nJ,300 nJ,200 nJ,100 nJ。图 7.3(f)~(h)是经过不同腐蚀时间后通道头部和尾部的照片,激光脉冲能量为 360 nJ,样品浸入 HF 溶液在室温下进行腐蚀,图 7.3(f)~(h)放置时间分别为 24 h,48 h 和 72 h。可以看出,使用 KOH 腐蚀形成的通道可以获得将近 1cm 长,直径约 60 μm 的均匀微流通道,而采用 HF 溶液腐蚀的通道具有较大的锥角。另外一个优势是 KOH 溶液较 HF 溶液更为安全,对健康危害较小。关于飞秒激光诱导石英玻璃选择性腐蚀特性的机理仍在探讨之中,有分析认为这种改性源于飞秒激光诱导的微爆,这将导致 SiO_4 四面体的平均键角减小。由于氧的价电子结构变形,致密石英键角的减少反而增加了氧的反应活性,当该体系与酸反应时,这些结构变形比起非致密的石英具有更好的化学活性,因而腐蚀速率更高[31,32]。

由于湿法腐蚀处理是由外向内进行的,通道开口处与腐蚀溶液发生反应的时间以及腐蚀液的浓度要大于通道中间部分,因此微通道在长度方向呈现出一定的锥度。解决的一种方法是在激光辐照过程中控制扫描轨迹来预补偿锥角,从而制

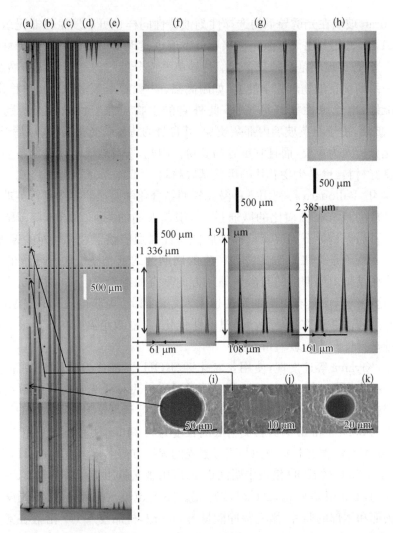

图 7.3 分别使用 KOH 和 HF 作为腐蚀剂所获得微流通道的轮廓比较[30]

(a)~(e) 使用 KOH 溶液,激光脉冲能量依次减小;(f)~(h) 使用 HF 溶液,腐蚀时间依次增加;(i)~(k) 图(a)中的通道的横截面的 SEM 图

备均匀的微通道[33];然而,这种方式只能用在制备宽通道,并且通道长度也受到限制。为了克服这些困难,可以采用对内部存在锥形微流通道的玻璃样品进行拉伸的方式[34]。如图 7.4 所示,经拉伸后微通道的截面由不规则椭圆变为对称的圆形截面,而且,在整个通道长度内,通道的直径都变得均匀一致。使用这一技术还可以制备高长径比的微流通道,图 7.4(h)中展示了制备的一条 12 mm 长、10 μm 宽的微流通道。玻璃拉伸另外一条好处就是将微通道内壁的表面均方根粗糙度从约 50 nm 减小到了约 0.3 nm,极好的表面光滑度无疑对光学和光流控应用有很大的益处。

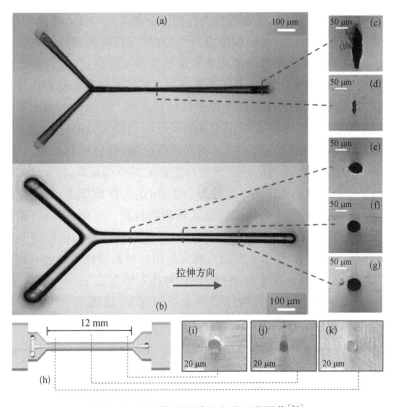

图 7.4 Y型分支通道的光学显微图像[34]

(a) 拉伸前和(b) 拉伸后的通道的俯视图;以及(c)~(g)虚线标注位置的通道截面图;(h) 12 mm 长通道的拉伸简图;(i)~(k) 虚线标注位置的横截面

除了玻璃材料之外,在蓝宝石内部也可以通过飞秒激光辐照和之后以氢氟酸或氢氧化钾作为腐蚀剂进行湿化学腐蚀来制备内嵌的微流控通道[35,36]。在微流控应用中,使用蓝宝石而不是玻璃的优势在于,飞秒激光辐照蓝宝石的改性区域和非改性区域的腐蚀选择性对比(约 $10^4:1$)比玻璃(约 $10^2:1$)高很多。因此,可以在蓝宝石内部直接制备长径比高约 1 000,长约 1 mm 长,宽约 1 μm 的微流控通道。但是,相比玻璃材料,蓝宝石的腐蚀速率更低,腐蚀后的表面也更粗糙。近来,Choudhury 等成功在 Nd:YAG 晶体中利用飞秒激光辐照结合化学腐蚀的方法制备出中空的三维微通道[37],这种固态激光增益介质内部的微通道可以与有源光波导进行集成,以满足光流应用的需要。

7.2 水辅助飞秒激光直写制备微流结构

透明材料中三维微流结构也可以通过水辅助的飞秒激光钻孔得到[38]。将基底的后表面与水接触,加工时水在毛细力作用下由通道开口流入激光作用区域,将碎屑分散并通过产生的气泡将碎屑排出,可以直接在材料内部加工出较大长径比的微通道。相对于飞秒激光辅助的化学腐蚀制备微流控通道,这种技术更容易实施,也更环保。更重要的是,由于不依赖于通过飞秒激光辐照在材料内部产生腐蚀选择性,它可以用于相对于直写激光透明的任意材料[39]。另外,相比于化学腐蚀的方法,水辅助的飞秒激光钻孔可以用来制备更小直径的微通道。因为受到腐蚀选择性的限制,化学腐蚀影响的不仅是激光改性区域,也包括非改性区域;而飞秒钻孔可以利用阈值效应,通过降低激光脉冲能量来减小通道尺寸[40]。如图 7.5 所示[41],展示了一条长度为 143 μm,直径为 900 nm 的三维螺旋通道,是通过小能量的飞秒激光脉冲经过高数值孔径的物镜紧聚焦制备的。然而,这一方法在加工更长的通道时遇到了困难:随着通道长度的增加,气泡和碎屑排出时受到的黏滞阻力增大,最终导致通道堵塞,水不能进入激光作用区域而使通道终止。因此利用这种方法加工得到的通道的长度十分有限,一般为几百微米左右。为解决这一问题,Hwang 等采用超声波浴的方法增强碎屑去除的速率,通道的长度被延长至将近 1 mm[42],但是仍不能满足微流控应用的需求。

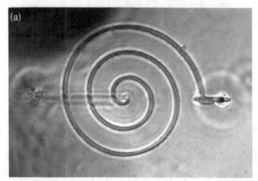 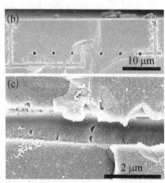

图 7.5　螺旋通道的光学显微图(a);螺旋结构横截面的
SEM 图(b);一段螺旋通道的剖面图(c)[41]

针对这一问题,廖洋等提出了一种在多孔玻璃基底中制备任意长度、任意构型三维微流通道的新方法[43],如图 7.6 所示。将多孔玻璃浸没在水中,将飞秒激光聚焦在其内部并进行三维直写。在加工过程中,液体能够通过多孔玻璃中相互连通的三维孔道渗入焦斑所在区域,有助于碎屑从微通道出口排出,从而能够解决通道内外传质的问题。为了能够得到密闭的微流通道,还需要对多孔玻璃进行高温退火处理。退火后多孔玻璃中的纳米孔闭合,但尺寸相对较大的通道能够保留下来,并且烧结致密后的玻璃成分和结构接近于纯石英玻璃,原本由于纳米孔的散射而不透明的多孔玻璃在退火后变得透明,这有利于进一步在光学应用中的加工与集成。

实验中的多孔玻璃采用分相法制备，包括玻璃熔制、分相、酸蚀几个步骤。把组分适当的 SiO_2、H_3BO_3、Na_2CO_3 均匀混合，按照合适的熔制步骤，熔化成玻璃。成型后在一定的温度下进行分相热处理，在热处理的过程中富碱硼相与富硅相分离，分别为连续的网状物，形成了分相的硼硅酸盐玻璃。把分相的玻璃浸在热酸中，易溶于酸溶液中的碱硼成分就被溶出，留下以 SiO_2 骨架为主的多孔三维连通结构。在热酸处理前，已分相的硼硅酸盐玻璃被切成 15 mm × 15 mm × 3 mm 的基片，并将其表面进行抛光处理[44]。测定得出多孔玻璃的成分为 95.5 SiO_2 - 4B_2O_3 - 0.5Na_2O (wt.%)，平均孔径为 10 nm，孔隙率为 40% 左右。

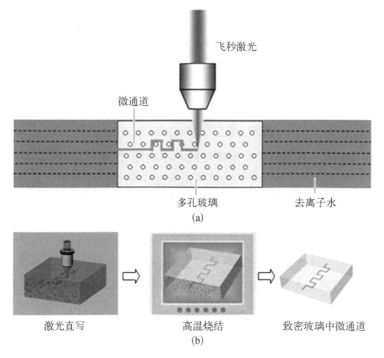

图 7.6　飞秒激光直写微流通道的示意图(a)；三维微流通道的制备流程图(b)[43]

在多孔玻璃中利用上述方法制备微流通道几乎不受通道长度与几何形状限制，再结合飞秒激光直写技术的三维特性，可为构造复杂的微流控网络提供独特的灵活性与便捷性[45]。图 7.7(a)展示了一个长度约 1 cm、直径约 16 μm 的三维螺旋微通道(长径比>600)，螺旋圆半径和螺旋间距分别是 100 μm 和 50 μm。插图给出了充有荧光素溶液的微通道荧光显微镜图像，荧光溶液被封闭在通道中证明纳米孔已经全部坍塌。图 7.7(b)显示了几个由螺旋状弯曲通道构成的立交桥结构，插图中呈现的荧光显微照片表明这两个微通道彼此不相交。近来，利用这一技术，已经制备出长度约为 6 cm，直径为 12 μm 的三维微流通道，通道的长径比达 5 000 以上[46]。

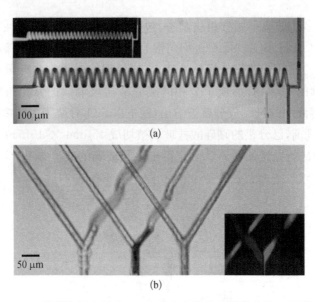

图 7.7 三维螺旋微流通道(a);三维立交微流通道的光学显微图(b),插图为填充荧光染料后的荧光显微图[45]

流体混合是大多数流体系统所需要的基本功能,然而,由于低雷诺数条件下的层流特性,在微通道中快速而有效的流体混合通常是难以实现的。最近,通过使用三维几何结构,各种各样的无源混合器已经被开发出来,以诱导扰动流体实现有效的混合。然而,此类混合器通常具有复杂的三维几何形状,很难通过传统的平面制造工艺制备。利用基于多孔玻璃的水辅助飞秒激光直写技术,可以很方便地制作具有复杂结构的三维微流混合器件[45]。图 7.8(a)和(b)是三维混合器的设计图,包含了一个 Y 型微流体通道和六个混合单元。图 7.8(c)和(d)是三维微流混合器的光学显微图,每个混合单元的长度为 150 μm,通道的横截面为椭圆状,其宽度约为 50 μm,高度约为 75 μm。为了验证混合器的混合效果,可以将两种颜色的染料溶液(荧光素钠与罗丹明 B)注入其中,图 7.8(e)和图7.8(f)分别为一维和三维微流通道混合器的实验结果和数值模拟结果,可以看到,实验结果与插图中的仿真结果完全符合。在一维微混合器中,经过约 1 300 μm 的传送距离后,两种染料溶液并没有被有效混合;而在三维混合器中,仅经过 3 个混合单元阵列后,即实现了两种溶液的有效混合,完成混合的时间大概为 10 ms。

尽管多孔玻璃在制备中空微结构上具有诸多优势,但到目前为止,该玻璃还没有大规模商业化生产,成本较高。近来,李岩等采用交替在微通道中施加正、负压力的方法,在普通玻璃中用水辅助钻孔技术加工微流通道。通过连续地推拉活塞,可以将烧蚀产生的碎屑从通道中抽出,同时将新鲜的水泵入通道,所制备的直径为 50 μm 的通道总长度达 2.1 cm[47,48]。图 7.9 展示的是采用这种方法在玻璃内部制备的包含三层微流网路的微流控芯片。

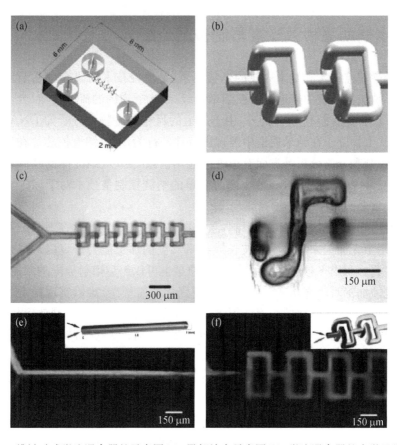

图 7.8 三维被动式微流混合器的示意图(a);局部放大示意图(b);微流混合器的光学显微图(c);混合单元的侧视图(d);一维(e)、三维(f)微流混合器的混合实验结果,两图中右上角插图分别为对应的数值模拟结果[45]

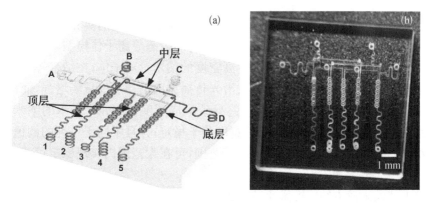

图 7.9 由复杂三维微流网络组成的微流控芯片设计图(a);利用水辅助飞秒激光直写制备的微流控芯片(b)[48]

7.3 水辅助飞秒激光直写制备纳流结构

随着微流控技术和纳米科技的迅猛发展,纳流控技术的研究也逐渐走入人们的视野。纳流控系统中管道尺寸在纳米量级,纳米通道内的流体传输、分子行为和微尺度下比有显著差别[49]。此外,由于通道的尺寸与生物大分子如DNA、蛋白质大小接近,生物分子在纳米通道中表现出特殊的行为,所以纳流控芯片在生物大分子检测、控制和分离分析等方面有很大的应用前景[50]。从纳流体的基础理论研究到纳流控芯片的实际应用,一种快速而简单的纳流控制备技术对于该领域的发展起着至关重要的作用。

众所周知,由于衍射极限的限制,激光加工的加工精度通常在波长或亚波长量级,如何用激光加工来获得深亚波长或纳米尺度的加工能力一直以来都是一个挑战性的课题。利用飞秒激光的阈值特性,原理上可以超越衍射极限的限制,但阈值附近的烧蚀加工对激光功率波动等不稳定因素非常敏感,难以实现稳定可控的纳米精度加工。针对这一难题,廖洋等将阈值效应与自组织纳米光栅效应相结合,提出一种超越远场衍射极限的纳米通道加工技术[51],所制备纳米通道的宽度仅为40 nm,约为直写激光波长的1/20。图7.10(a)给出了在水浸的多孔玻璃中诱导产生自组织纳米光栅的实验装置示意图:以多孔玻璃作为基底材料,运用线偏振激光束直写,在玻璃中可以形成与激光偏振方向垂直的中空纳米光栅;并且,随脉冲能量的减小,产生的结构从多个纳米空腔阵列演变为单个纳米空腔。当激光脉冲峰值强度降至阈值附近时,可以在多孔玻璃中诱导出单个中空的纳米片状空腔,如图7.10(b)所示。进一步将飞秒激光沿纳米空腔直写,可以使产生的单个纳米空腔结构连接成连续的纳米通道,如图7.10(c)和(d)所示。

自2003年人们首次观察到纳米光栅这一奇特的现象以来,它的形成机制一直存在较大争议[52,53],最近廖洋等通过对纳米光栅演化过程的实验观察,发现单根纳米光栅的形成机制可以用Rajeev等[54]提出的瞬态等离子体模型解释[55]:在飞秒脉冲辐照下通过光致电离迅速产生高密度的纳米等离子体,在纳米等离子体边界处激光和等离子体的相互作用导致沿光传播方向上产生局域场增强,而沿偏振方向相对减弱,多脉冲的辐照作用最终导致形成宽度仅为几十纳米的纳米空腔。在自组织的作用下,最终纳米空腔的宽度趋于稳定;并且不同于单纯的阈值效应,单根纳米光栅的形成对应着较大的功率范围,可在大范围内实现稳定可控的纳米加工[56]。

将上述纳米通道和三维微通道集成在一起,就可以在玻璃中构建具有复杂几何构型的三维微纳流体系统[57]。图7.11(a)是微纳流控芯片的示意图,两层纳流通道阵列桥接于两条平行微通道之间。在直写之后进行退火处理,使纳米孔坍塌,

第 7 章 飞秒激光直写制备微流控芯片和集成光流器件 | 145

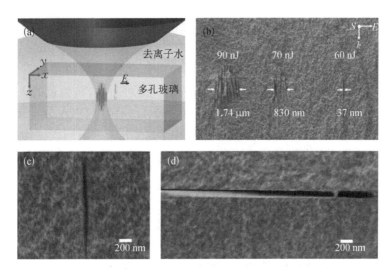

图 7.10 多孔玻璃中诱导产生自组织纳米光栅的实验装置图(a);纳米光栅随激光脉冲能量的演化(b);纳米通道的截面图和俯视图(c)和(d)[51]

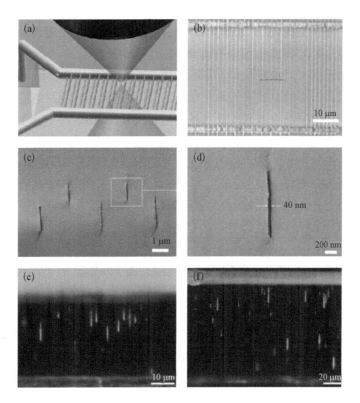

图 7.11 桥接于两个微通道之间双层纳米通道阵列的示意图(a);退火后双层纳米通道的光学显微图(俯视)(b);纳米通道阵列的截面 SEM 图(c);单个纳米通道的截面 SEM 图(d);DNA 分子在宽度为 50 nm(e)、200 nm(f)的纳米通道中展开的荧光显微图片[57]

形成封闭的通道。受退火影响,通道的尺寸在三个维度上同时减少约 14%,最终所得纳流通道总长约为 40 μm,宽度为 30~50 nm,高度为 1~1.5 μm。图 7.11(b) 和 (c) 分别为退火后纳流通道阵列的俯视图与横截面图,截断位置如图 (b) 中虚线所示。为了验证该纳流通道进行单分子行为研究的可行性,将染色的 λ-DNA 分子注入制备好的纳流通道阵列中。图 7.11(e) 和 (f) 分别为 DNA 分子在不同宽度纳流通道中的荧光显微图片,显示在该系统中 DNA 分子被不同程度伸展,同时也表明制备的纳流通道有很好的连续性和均匀性。

7.4 飞秒激光直写实现光流控集成

7.4.1 自由空间微光学元件和微流控系统的集成

在微全分析系统中,经常要对同一芯片上的反应产物进行连续取样分析,需要用到吸收谱和荧光测量等光学方法,因此微光学元件在微流控芯片上的集成就显得尤为重要。如前文提到,三维微流器件和微光学元件可以使用统一的方法制备,它们在同一芯片上的集成也可以变为现实。例如,上述用来在 Foturan 玻璃中制备微流结构的流程可以很容易扩展到制备微光学组件中:首先用一束紧聚焦的飞秒激光束采用面扫描的方式来勾画光学元件(如反射镜、透镜等)的轮廓,再使用同样的热处理和化学腐蚀将激光改性区域的材料去除。然而,对于光学应用来说,还必须获得纳米级粗糙度的光滑表面。对于这些嵌入在玻璃内部的三维结构,不可能采用传统的机械抛光方法。使内壁变得光滑的一个可行方案是在合适的温度下对样品进行退火处理,从而在表面产生一个回流层。采用该方法,已经在 Foturan 玻璃中制备出各种微光学元件,如反射镜、微光束分离器[58]和微透镜[59,60]等,为在同一基底上实现微流体和微光学的集成提供了可能。

2004 年,程亚等[61]在 Foturan 玻璃内实现了微流控染料激光器的集成,它可以为芯片上的荧光检测和光谱分析提供光源。图 7.12 显示了该激光器的光学显微图和结构示意图:四个 45° 的微反射镜垂直嵌入玻璃中构成了激光器的谐振腔,在玻璃表面 400 μm 以下制备了一个微流腔,激光染料可以通过中心的微通道流入微腔,微通道的平均直径为 80 μm,微腔的宽度为 200 μm;当在微腔中注入激光染料 R6G 并用 532 nm 的激光泵浦时,光束通过四面角反射镜的全反射来回传播形成谐振,在输出端可探测到中心波长为 578 nm 的激光输出。

图 7.13 显示的是在光敏玻璃中制备的光学传感芯片,微流控的腔室和一些诸如平凸棱镜和光波导的微光学组件被集成在单个玻璃芯片上。其中一根 6 mm 长

第 7 章　飞秒激光直写制备微流控芯片和集成光流器件 | 147

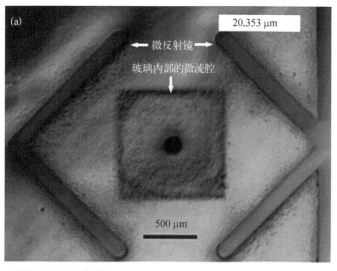

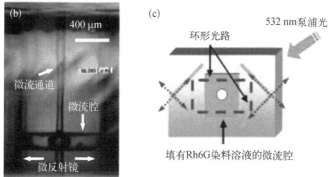

图 7.12　微流控激光的光学显微俯视图(a);微流控腔和贯穿通道的显微照片的侧视图(b);微流控激光光路的说明图(c)[61]

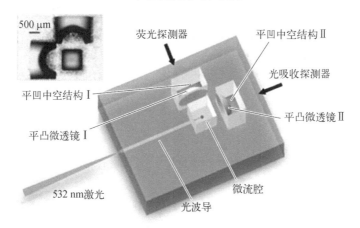

图 7.13　生物光子学微芯片的结构简图,插图是制备的微芯片的俯视光学显微图像[62]

的光波导和一个尺寸为 1.0 mm × 1.0 mm × 1.0 mm 的微流腔相连,还有两个曲率半径为 0.75 mm 的微透镜,一个被放置在微腔的一侧用于收集荧光信号,另一个在光波导的对面用作光吸收测量。实验结果表明,使用该芯片后,液体样品的荧光分析和吸收测量的效率分别提升了 8 倍和 3 倍[62]。

由于具有很高的品质因子和很小的模式体积,回音壁模式光学微腔近来成为高灵敏传感领域的研究热点[63,64]。近来,飞秒激光微加工被证明可用于在介质材料中制备高品质的光学微腔[65],并可以方便地与微流控芯片进行集成,制备高灵敏度的光流控传感芯片[66],如图 7.14 所示。其制备流程包括:① 采用飞秒激光辅助湿法化学刻蚀技术制备嵌入在玻璃中的微流控通道以及位于通道出口附近的微腔结构;② 对微腔结构进行二氧化碳激光回流,提高微腔的品质因子;③ 通过二氧化碳激光焊接,将锥形光纤与微腔集成起来,焊接后微腔在空气中品质因子仍然高达 3.21×10^5。实验测得,该器件对液体折射率的探测极限为 1.2×10^{-4} 个折射率单位(RIU)。最近,采用类似技术,一个光流控环形谐振腔激光器被制备[67]。但由于没有采用二氧化碳激光回流,谐振腔的品质因子为 4.2×10^4。实验中,激光染料 R6G 被注入一个环形的微流腔中作为增益介质,用 532 nm 的激光泵浦时,产生 575 nm 激射的泵浦阈值约为 15 $\mu J/mm^2$。

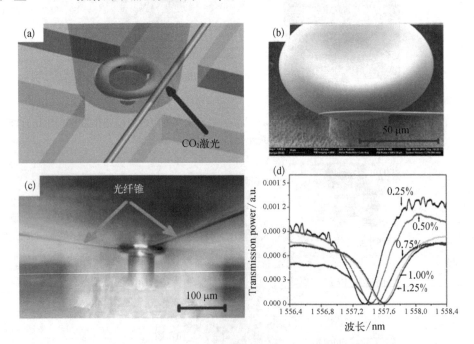

图 7.14 利用 CO_2 激光焊接微腔与光纤锥的示意图(a);焊接后微腔和光纤锥的 SEM 图(b);焊接后微腔和光纤锥的光学显微图,显示光纤锥已黏附在微腔侧壁(c);微腔接触不同浓度的 NaCl 溶液后微腔的透射谱发生偏移(d)[66]

7.4.2 光波导和微流控系统的集成

目前,大多数利用飞秒激光直写制备的集成光流控芯片都包含集成的微光学波导和微流控通道,这两种结构的制备技术都已经成熟。垂直于微流控通道的微光学波导提供不同的功能,既可以用作照明的光源,也可以用作散射或荧光的收集[68-76]。Kim 等[75]利用飞秒激光在石英玻璃中将微流通道和光波导集成在一起,实现了血红细胞计数的功能,如图 7.15 所示。可以采用两种方法来对单个血红细胞进行探测:一种是探测由于血红细胞折射率不同引起的透射强度变化,另一种是探测经过荧光标记的血红细胞在 Ar^+ 激光激发下发出的荧光。在波导处微流通道的直径仅为 5 μm,略小于血红细胞的直径(6~8 μm),使细胞能在层流中排列,保证了探测信号的锐利和清晰。

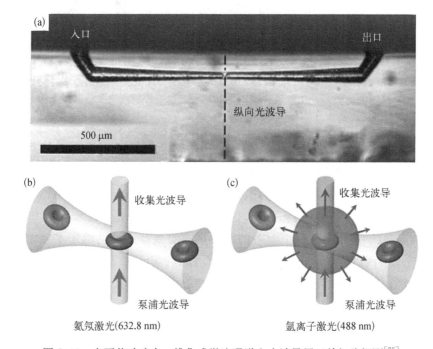

图 7.15 在石英玻璃中三维集成微流通道和光波导用于单细胞探测[75]
(a) 侧视光学显微图;(b) 利用透射强度的变化探测单个细胞的示意图;(c) 利用荧光标记探测单个细胞的示意图

除此之外,飞秒激光直写的光波导还可以用作构造马赫-曾德尔干涉仪(MZI)作为空间选择性的折射率检测[76],如图 7.16(a)所示。图 7.16(b)和(c)分别展示的是微流通道和 MZI 的两支显微照片。它的两支分布在一个倾斜的平面上,这样可以使得参考支位于微通道的上方,而检测支和微通道垂直交叉。MZI 和微通道并不共面,由于传统的光刻技术固有的平面的局限,这一三维微器件不能用光刻制备得到。微通道内部充满葡萄糖溶液作为测试样品,实验测得该微器件的灵敏度测定为 10^{-4} 个折射率单位(RIU),对应的测试极限为 4 mmol/L,目前,测试样品的温度波动是引起折射率测量结果波动的主要原因,进一步提升灵敏度和探测极限需要减小微流控通道内的温度波动。

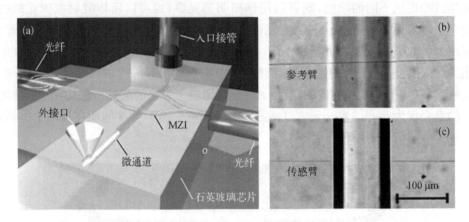

图 7.16 飞秒激光制备微流通道和集成的 MZI 的示意图(a);显示 MZI 的参考臂跨越微流控通道的显微图像(b);显示 MZI 的传感臂与微流控通道交叉的显微图像(c)[76]

7.4.3 集成芯片在生物医学研究中的应用

尽管历时很短,飞秒激光制备微流控芯片和集成的光流控器件正在生物和生物医学领域引起巨大的关注。飞秒激光微加工制备三维微流控芯片可以为密闭环境下观察微生物体提供一个平台,因此,它们可称作是"纳米水族馆"[77,78]。图 7.17(a)和(b)展示的是一个制备的用于观察眼虫藻运动的纳米水族馆。它包含一个玻璃表面以下 150 μm 内嵌的横截面为 150 μm × 150 μm、长 1 mm 的通道,和两个用于将眼虫藻引入水中的开口的和通道两端相连的 500 μm × 500 μm 储水槽[77]。图 7.17(c)展示的是一个眼虫藻在微通道中游动的显微图像。由于活生物体很快从显微镜的视野中逃离,这种动态的观察用传统的盖玻片将微生物体局限在二维空间是不可能做到的。另外,通道两端垂直的储水槽使得可以从头部和尾部来观察眼虫藻,这也是传统的方式所不能实现的。由于飞秒激光直写的灵活性,用于不同应用的多种不同几何结构和功能的纳米水族馆都可以很容易地制备出,包括用于 Pleurosira 蟾的信息传送过程的测定,隐藻高速运动的观察,以及席藻黏附在幼苗根部加速松菜的生长[78,79]。

通过将集成的光波导和光衰减器合并到其中,纳米水族馆的功能最近得到了很大的增强。它们都是通过在形成中空的微流控通道之后将飞秒激光直写在 Foturan 玻璃中制备出的[80]。在这种情况下,纳米水族馆用来阐释了席藻的滑行

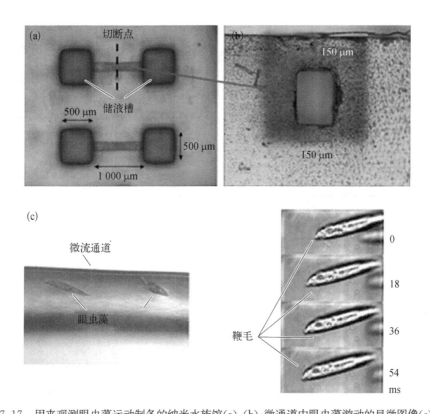

图 7.17 用来观测眼虫藻运动制备的纳米水族馆(a)、(b);微通道中眼虫藻游动的显微图像(c)[77]

机制,这与丝状蓝藻与幼苗根系形成共生团体从而加快蔬菜幼苗生长属于一类。为了达到这个目的,两个与微流控通道交叉的波导被集成到纳米水族馆中,从而通过吸收光谱可以定量测量幼苗周围水的 pH 和 CO_2 的变化。结果显示,幼苗分泌的 CO_2 成为诱导引发了席藻的滑动,也发现了席藻的滑动对照明条件(比如说照明光的强度和谱线特性)很敏感。图 7.18 展示了一个用于研究席藻光敏性的集成微芯片,通过将光衰减器集成到纳米水族馆微流通道的周围,来控制对席藻的照明条件,其中相同层数光衰减器位于微流控通道的上下方用来控制微流控通道内的白光强度,如图 7.18(a)所示。光衰减器制备的方法与微通道的制备大致相同,但没有经过化学腐蚀这一步骤。在微流通道制备好之后,通过飞秒激光光束直写,在微通道周围形成改性的区域。经退火处理后,由于偏硅酸锂晶体的形成,激光辐照区域变成了棕色,如图 7.18(b)所示。光照的强弱可以通过堆叠不同层数的光衰减器来调节。实验发现:当使用五层或更少的光衰减器时,席藻滑向了幼苗根部,而使用六层或者更多的光衰减器时,即使在两个小时之后,席藻依然会停留在通道的入口。这就意味着席藻滑向幼苗根部之前必须要超过白光照明的某个强度的阈值。进一步的研究表明,仅有在红光波段(即 640~700 nm)才会有效地促使席藻的滑动。这些结果对于发展如何加速蔬菜幼苗生长很重要。

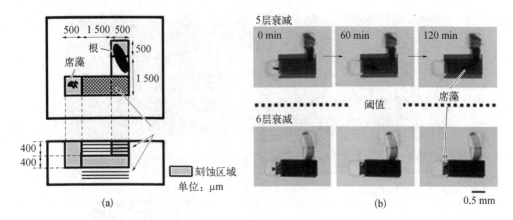

图 7.18 用于研究席藻光敏性的集成微芯片[80]

(a) 含有光学衰减器的结构图；(b) 微芯片内席藻滑动的显微图像

参 考 文 献

[1] Whitesides G M. The origins and the future of microfluidics. Nature, 2006, 442: 368.

[2] Manz A, Graber N, Widmer H M. Miniaturized total chemical analysis systems: A novel concept for chemical sensing. Sensors and Actuators B, 1990, 1: 244.

[3] Manz A, Fettinger J C, Verpoorte E, et al. Micromachining of monocrystalline silicon and glass for chemical analysis systems. A look into next century's technology or just a fashionable craze? Trends in Analytical Chemistry, 1991, 10: 144.

[4] Psaltis D, Quake S R, Yang C. Developing optofluidic technology through the fusion of microfluidics and optics. Nature, 2006, 442: 381.

[5] McDonald J C, Whitesides G M. Poly(dimethylsiloxane) as a material for fabricating microfluidic devices. Accounts of Chemistry Research, 2002, 35: 491.

[6] Keller U. Recent developments in compact ultrafast lasers. Nature, 2003, 424: 831 - 838.

[7] Lenzner M, Kruger J, Sartania S, et al. Femtosecond optical breakdown in dielectrics. Physical Review Letters, 1998, 80: 4076 - 4079.

[8] Gertsvolf M, Jean-Ruel H, Rajeev P, et al. Orientation-dependent multiphoton ionization in wide band gap crystals. Physical Review Letters, 2008, 101: 243001.

[9] Cheng Y, Sugioka K, Midorikawa K, et al. Microbiochips Monolithically Integrated with Microfluidics, Micromechanics, Photonics, and Electronics by 3D Femtosecond Laser Direct Writing. Novinka: Nova Science Publishers, 2010.

[10] Sugioka K, Cheng Y. Ultrafast lasers — reliable tools for advanced materials processing. Light: Science & Applications, 2014, 3: e149.

[11] Davis K, Miura K, Sugimoto N, et al. Writing waveguides in glass with a femtosecond laser. Optics Letters, 1996, 21: 1729 - 1731.

[12] Glezer E, Milosavljevic M, Huang L, et al. Three-dimensional optical storage inside

[13] Marcinkevičius A, Juodkazis S, Watanabe M, et al. Femtosecond laser-assisted three-dimensional microfabrication in silica. Optics Letters, 2001, 26: 277-279.

[14] Kiyama S, Matsuo S, Hashimoto S, et al. Examination of etching agent and etching mechanism on femtosecond laser microfabrication of channels inside vitreous silica substrates. The Journal of Physical Chemistry, 2009, 113: 11560-11566.

[15] Donald S S. Photosensitive gold glass and method of making it. United States Patent, No. 2,515,937.

[16] http://invenios.com/products/glass-materials/.

[17] Sugioka K, Cheng Y, Midorikawa K. Three-dimensional micromachining of glass using femtosecond laser for lab-on-a-chip device manufacture, Applied Physics A, 2005, 81: 1.

[18] Hansen W W, Janson S W, Helvajian H. Direct-write UV-laser microfabrication of 3D structures in lithium-aluminosilicate glass. Proceedings of SPIE — The International Society for Optical Engineering, 1997, 2991: 104.

[19] Kondo Y, Qiu J R, Mitsuyu T, et al. Three-dimensional microdrilling of glass by multiphoton process and chemical etching. Japanese Journal of Applied Physics, 1999, 38: L1146.

[20] Cheng Y, Sugioka K, Midorikawa K, et al. Integrating 3D photonics and microfluidic using ultrashort laser pulses. SPIE Newsroom, http://spie.org/x8513.xml. 2006.

[21] Cheng Y, Sugioka K, Midorikawa K, et al. Three-dimensional micro-optical components embedded in photosensitive glass by a femtosecond laser. Optics Letters, 2003, 28: 1144.

[22] Cheng Y, Tsai H L, Sugioka K, et al. Fabrication of 3D micro-optical lenses in photosensitive glass using femtosecond laser micromachining. Applied Physics A, 2006, 85: 11.

[23] Cheng Y, Sugioka K, Masuda M, et al. 3D microstructuring inside Foturan glass by femtosecond laser. RIKEN Review, 2003, 50: 101.

[24] Sugioka K, Masuda M, Hongo T, et al. Three-dimensional microfluidic structure embedded in photostructurable glass by femtosecond laser for lab-on-chip application. Applied Physics A, 2004, 78: 815.

[25] Marcinkevičius A, Juodkazis S, Watanabe M, et al. Femtosecond laser-assisted three-dimensional microfabrication in silica. Optics Letters, 2001, 26: 277.

[26] Bellouard Y, Said A, Dugan M, et al. Fabrication of high-aspect ratio, micro-fluidic channels and tunnels using femtosecond laser pulses and chemical etching. Optics Express, 2004, 12: 2120.

[27] Hnatovsky C, Taylor R S, Simova E, et al. Polarization-selective etching in femtosecond laser-assisted microfluidic channel fabrication in fused silica. Optics Letters, 2005, 30: 1867.

[28] Shimotsuma Y, Kazansky P G, Qiu J, et al. Self-organized nanogratings in glass irradiated by ultrashort light pulses. Physical Review Letters, 2003, 91: 247405.

[29] Bhardwaj V R, Simova E, Rajeev P P, et al. Optically produced arrays of nano-planes inside fused silica, Physical Review Letters, 2006, 96: 057404.

[30] Kiyama S, Matsuo S, Hashimoto S, et al. Examination of etching agent and etching mechanism on femtosecond laser microfabrication of channels inside vitreous silica substrates. The Journal of Physical Chemistry C, 2009, 113: 11560.

[31] Fiori C, Devine R A B. Evidence for a wide continuum of polymorphs in a-SiO_2. Physical Review B, 1986, 33: 2972-2974.

[32] Agarwal A, Tomozawa M. Correlation of silica glass properties with the infrared spectra. Journal of Non-Crystalline Solids, 1997, 209: 166-174.

[33] Vishnubhatla K C, Bellini N, Ramponi R, et al. Shape control of microchannels fabricated in fused silica by femtosecond laser irradiation and chemical etching. Optics Express, 2009, 17: 8685.

[34] He F, Cheng Y, Xu Z, et al. Direct fabrication of homogeneous microfluidic channels embedded in fused silica using a femtosecond laser. Optics Letters, 2010, 35: 282.

[35] Wortmann D, Gottmann J, Brandt N, et al. Micro- and nanostructures inside sapphire by fs-laser irradiation and selective etching. Optics Express, 2008, 16: 1517.

[36] Mazuli M, Juodkazis S, Ebisui T, et al. Structural characterization of shock-affected sapphire. Applied Physics A, 2007, 86: 197-200.

[37] Choudhury D, Rodenas A, Paterson L, Díaz F, et al. Three-dimensional microstructuring of yttrium aluminum garnet crystals for laser active optofluidic applications. Applied Physics Letters, 2013, 103: 041101.

[38] Li Y, Itoh K, Watanabe W, et al. Three-dimensional hole drilling of silica glass from the rear surface with femtosecond laser pulses. Optics Letters, 2001, 26: 1912.

[39] Kim T N, Campbell K, Groisman A, et al. Femtosecond laser-drilled capillary integrated into a microfluidic device. Applied Physics Letters, 2005, 86: 201106.

[40] Joglekar A P, Liu H, Meyhöfer E, et al. Optics at critical intensity: Applications to nanomorphing. Proceeding of the National Academy of Sciences of the United States of America, 2004, 101: 5856-5861.

[41] Ke K, Hasselbrink E F, Hunt A J. Rapidly prototyped three-dimensional nanofluidic channel networks in glass substrates. Analytical Chemistry, 2005, 77: 5083.

[42] Hwang D J, Choi T Y, Grigoropoulos C P. Liquid-assisted femtosecond laser drilling of straight and three-dimensional microchannels in glass. Applied Physics A, 2004, 79: 605.

[43] Liao Y, Ju Y, Zhang L, et al. Three-dimensional microfluidic channel with arbitrary length and configuration fabricated inside glass by femtosecond laser direct writing. Optics Letters, 2010, 35: 3225-3227.

[44] Elmer T H. Porous and reconstructed glasses//Schneider S J. Engineered Materials Handbook. 2. Ceramics and Glasses. Materials Park. OH: ASM International, 1991: 427.

[45] Liao Y, Song J, Li E, et al. Rapid prototyping of three-dimensional microfluidic mixers in

glass by femtosecond laser direct writing. Lab Chip, 2012, 12: 746 - 749.

[46] Liu C N, Liao Y, He F, et al. Compact 3D microfluidic channel structures embedded in glass fabricated by femtosecond laser direct writing. Journal of Laser Micro/Nanoengineering, 2013, 8: 170 - 174.

[47] Li Y, Qu S. Femtosecond laser-induced breakdown in distilled water for fabricating the helical microchannels array. Optics Letters, 2011, 36: 4236 - 4238.

[48] Li Y, Qu S. Water-assisted femtosecond laser ablation for fabricating three dimensional microfluidic chips. Currents Applied Physics, 2013, 13: 1292.

[49] Abgrall P, Nguyen N T. Nanofluidic devices and their applications. Analytical Chemistry, 2008, 80: 2326 - 2341.

[50] Kovarik M L, Jacobson S C. Nanofluidics in Lab-on-a-Chip Devices. Analytical Chemistry, 2009, 81: 7133 - 7140.

[51] Liao Y, Shen Y, Qiao L, et al. Femtosecond laser nanostructuring in porous glass with sub-50 nm feature sizes. Optics Letters, 2013, 38: 187 - 189.

[52] Shimotsuma Y, Kazansky P, Qiu J, et al. Self-organized nanogratings in glass irradiated by ultrashort light pulses. Physical Review Letters, 2003, 91: 247405.

[53] Bhardwaj V R, Simova E, Rajeev P P, et al. Optically produced arrays of planar nanostructures inside fused silica. Physical Review Letters, 2006, 96: 057404.

[54] Rajeev P P, Gertsvolf M, Hnatovsky C, et al. Transient nanoplasmonics inside dielectrics. Journal of Physics B, 2007, 40: S273 - S282.

[55] Liao Y, Ni J, Qiao L, et al. High-fidelity visualization of formation of volume nanogratings in porous glass by femtosecond laser irradiation. Optica, 2015, 2: 329 - 334.

[56] Liao Y, Zeng B, Qiao L L, et al. Threshold effect in femtosecond laser induced nanograting formation in glass: influence of the pulse duration. Applied Physics A, 2014, 114: 223 - 230.

[57] Liao Y, Cheng Y, Liu C, et al. Direct laser writing of sub-50 nm nanofluidic channels buried in glass for three-dimensional micronanofluidic integration. Lab Chip, 2013, 13: 1626 - 1631.

[58] Cheng Y, Sugioka K, Midorikawa K, et al. Three-dimensional micro-optical components embedded in photosensitive glass by a femtosecond laser. Optics Letters. , 2003, 28: 1144.

[59] Cheng Y, Tsai H L, Sugioka K, et al. Fabrication of 3D micro-optical lenses in photosensitive glass using femtosecond laser micromachining. Applied Physics A, 2006, 85: 11.

[60] Wang Z, Sugioka K, Midorikawa K. Three dimensional integration of micro-optical components buried inside photosensitive glass by femtosecond laser direct writing. Applied Physics A, 2007, 89: 951.

[61] Cheng Y, Sugioka K, Midorikawa K. Microfluidic laser embedded in glass by three-dimensional femtosecond laser microprocessing. Optics Letters. , 2004, 29: 2007 - 2009.

[62] Wang Z, Sugioka K, Midorikawa K. Fabrication of integrated microchip for optical sensing by femtosecond laser direct writing of Foturan glass. Applied Physics A, 2008, 93: 225.

[63] Vollmer F, Arnold S. Whispering-gallery-mode biosensing: label-free detection down to single molecules. Nature Methods, 2008, 5: 591–596.

[64] Zhu, J, Ozdemir S K, Xiao Y, et al. On-chip single nanoparticle detection and sizing by mode splitting in an ultrahigh-Q microresonator. Nature Photonics, 2010, 4: 46.

[65] Lin J, Yu S, Ma Y, et al. On-chip three-dimensional high-Q microcavities fabricated by femtosecond laser direct writing. Optics Express, 2012, 20: 10212–10217.

[66] Song J, Lin J, Tang J, et al. Fabrication of an integrated high-quality-factor (high-Q) optofluidic sensor by femtosecond laser micromachining. Optics Express, 2014, 22: 14792–14802.

[67] Chandrahalim H, Chen Q, Said A A, et al. Monolithic optofluidic ring resonator lasers created by femtosecond laser nanofabrication. Lab Chip, 2015, 15: 2335–2340.

[68] Cheng Y, Sugioka K, Midorikawa K. Freestanding optical fibers fabricated in a glass chip using femtosecond laser micromachining for lab-on-a-chip application. Optics Express, 2005, 13: 7225.

[69] Applegate R W, Squier J, Vestad T, et al. Microfluidic sorting system based on optical waveguide integration and diode laser bar trapping. Lab Chip, 2006, 6: 422.

[70] Osellame R, Maselli V, Vazquez R M, et al. Integration of optical waveguides and microfluidic channels both fabricated by femtosecond laser irradiation. Applied Physics Letters, 2007, 90: 231118.

[71] Vazquez R M, Osellame R, Nolli D, et al. Integration of femtosecond laser written optical waveguides in a lab-on-chip. Lab Chip, 2009, 9: 91.

[72] Maselli V, Grenier J R, Ho S, et al. Femtosecond laser written optofluidic sensor: Bragg grating waveguide evanescent probing of microfluidic channel. Optics Express, 2009, 17: 11719.

[73] Bragheri F, Ferrara L, Bellini N, et al. Optofluidic chip for single cell trapping and stretching fabricated by a femtosecond laser. Journal of Biophotonics, 2010, 3: 234.

[74] Schaap A, Bellouard Y, Rohrlack, T. Optofluidic lab-on-a-chip for rapid algae population screening, Biomed. Optics Express, 2011, 2: 658.

[75] Kim M, Hwang D J, Jeon H, et al. Single cell detection using a glass-based optofluidic device fabricated by femtosecond laser pulses. Lab on a Chip, 2009, 9: 311–318.

[76] Crespi A, Gu Y, Ngamsom B, et al. Three-dimensional Mach–Zehnder interferometer in a microfluidic chip for spatially-resolved label-free detection. Lab on a Chip, 2010, 10: 1167.

[77] Hanada Y, Sugioka K, Kawano H, et al. Nano-aquarium for dynamic observation of living cells fabricated by femtosecond laser direct writing of photostructurable glass. Biomedical Microdevices, 2008, 10: 403.

[78] Hanada Y, Sugioka K, Kawano H, et al. Nano-aquarium with microfluidic structures for

dynamic analysis of Cryptomonas and Phormidium fabricated by femtosecond laser direct writing of photostructurable glass. Applied Surface Science, 2009, 255: 9893.

[79] Sugioka K, Hanada Y, Midorikawa K. Three-dimensional femtosecond laser micromachining of photosensitive glass for biomicrochips. Laser & Photonics Reviews, 2010, 4: 386.

[80] Hanada Y, Sugioka K, Ishikawa I S, et al. 3D microfluidic chips with integrated functional microelements fabricated by a femtosecond laser for studying the gliding mechanism of cyanobacteria. Lab Chip, 2011, 11: 2109.

第 8 章

超快激光加工在现代工业中的应用

多年以来,超快激光加工的优势已经被世界各地很多研究小组证实。毋庸置疑,随着脉宽的缩短,热作用减小,激光加工所能达到的精度将不断增加。利用超短激光脉冲进行微加工的主要优势是可以实现多种材料的高精度加工。这一优势得益于超快激光脉冲与物质相互作用的持续时间通常很短。对于金属材料,这一作用往往发生在几十皮秒内;对于非金属材料,相互作用的持续时间可以更短。极短的相互作用时间有效地抑制了热传导过程的发生,因此,相比纳秒脉冲,超快激光加工产生的热效应显著减少,烧蚀结果表现为更高的加工精度。

激光加工技术在现代工业中获得广泛应用的前提是建立在其稳定可靠、功能强大以及造价实惠的激光光源。长期以来,超快激光特别是飞秒激光,由于成本高昂、系统复杂再加上功率的稳定性不足,其在工业应用上仍处于劣势。直到最近几年,皮秒激光光源才有很大的进展,并且系统的稳定性达到了相当高的水平。目前这些激光系统已广泛被用在汽车、电子、能源、医疗等领域,具体包括半导体产业(低 k 材料)、太阳能产业(特别是薄膜技术)、平面显示产业(TCO,OLEDs)、印刷产业或滚筒压纹、医学植入器材等的激光打孔、切割、焊接、表面处理等。本章将概括已经实现的工业应用,以及那些预计在不久的将来即将实现的应用。

8.1 表面处理

8.1.1 抗摩擦损耗结构

机器都会发生摩擦和损耗,从而会消耗能量和寿命,虽然利用润滑的表面可以减少摩擦,但如果没有充足的润滑剂,表面仍然会出现磨损,因此表面粗糙度与润滑油沿活塞壁的分布状态密切相关,特别是在内燃机内。如图 8.1(a)所示,人们利用超快激光加工在内燃机汽缸内表面构造小凹槽,可以使润滑剂与内表面接触充分且分布均匀,从而降低发动机的摩擦损耗,延长了它的使用寿命。此外,这一结构的好处还在于大大减少了注入发动机的润滑剂量,显著降低了对环境有污染的毒害颗粒的排放。多年来,这项技术一直被全球各大汽车制造厂商用于批量生产和赛车运动等产业[1]。

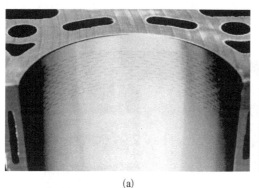

(a)   (b)

图 8.1 皮秒激光加工的内燃机汽缸壁内的凹槽(a)和高压联轴器周围的槽线结构(b)[1]

其他汽车零部件也有类似的激光加工表面构型,例如,一些汽车供应商通过超快激光在表面烧蚀凹槽加工成喷射喷嘴,还有人利用激光加工在高压阀的密封端面上额外引入凹槽结构,可以有效避免燃料泄漏[2],如图 8.1(b)所示。激光烧蚀表面构型不仅可使零件磨损减少,性能增加,而且还可使一些通过深拉成型的零件寿命显著延长[3]。此外,在一些寿命长且不易碰触的轴承结构(如应用在海上风力发电站的轴承等)上塑造一些表面构型,可以实现更高的机械性能。

应用流体力学主要研究如何减小涡轮机叶片和机翼上的流阻,因此,又被称为"缝翼"的活动肋状结构在流控系统表面的应用目前正在研究之中,这些结构可以减小翼面与周围气流之间的紊流干扰。例如,可以通过 12 ps 激光改良金属翼面表层结构。通过对大型船舰表面进行微细加工,产生的微尺度结构能够提供抗垢保护和降低摩擦功能。

8.1.2 浮雕和成型模具

将精密而复杂的几何图案进行复制是一类重要的加工方式,具有许多重要应用,从压印加工开始,人们对这类浇注成型的模具就有很高的需求,尤其是过去几年,在一些电子零件和特殊的电子玩具配件等方面,人们对零件精密度的需求也显著增加。传统的依赖机械铣削和电火花刻蚀为主的加工技术在精度上已不能满足需求了。随着超短脉冲激光器性能的不断提升和价格的不断降低,利用超快激光对工件进行"2.5 维"削除加工已逐步投入实际生产,这一举措大大提高了工业生产效率和产品性能。

由于超快激光加工的对象不具材料依赖性，因而可被用来加工的材料具有很广的范围，包括金属、陶瓷、半导体、介质、有机物等。有研究表明，当超快激光加工对材料的移除速率为 50 mm^3/s 时，仍能保证约为 0.2 μm 的加工精度，这足够成为高效率、低成本的方法来加工处理移动电话和连接器的外壳等模具。类似地，铸造工业上常用的压印和冲钻等模具也可由超快激光制备。图 8.2(a)展示了烧蚀不同材料的几何形状[4,5]。

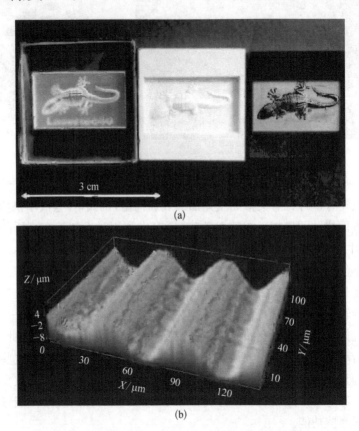

图 8.2 从左向右依次为玻璃内部、象牙和碳化钨上材料上的三维图案(a)[4]；用于光电显示器件的压印模具表面微结构形貌图(b)[5]

为了实现更高通量的压印复制，需要让模具以滚转的方式来进行工作，而用激光雕刻滚转模具特别适合于高精度和高通量的复制。这一滚转式的模具大都以铜层作为信息的载体，为了延长工作寿命，还需要在其表面覆盖铬层。这些工件通常是用金刚石钻头雕刻而成，但是对于高端应用则要使用激光雕刻。

如今用于室内装修裱糊、汽车内饰、层压，甚至金属片的压印处理都需要面积多达几平方米的高精密模具。图 8.2(b)所示为用于背光单元的制备模具。由于需要对材料进行大面积的去除,这种应用需要非常高的激光烧蚀速率才能缩短制造时间。在加工过程中,激光辐照条件极小的变化都将直接影响到模具品质,它对激光功率的稳定性提出较高要求。

8.1.3 光电子功能性修饰

最近几年光电子市场有非常大的增长,特别是平板显示和光伏组件等领域已实现大规模产业应用。为了实现特殊的光电功能,需要对多种薄膜复合材料进行诸如局部烧蚀的结构修饰操作。膜层的沉积主要通过溅射完成,为确保精确的边缘区域,溅射后经常使用激光来完成边缘分离过程。以太阳能电池组件为例,为了达到更高的电压水平,不得不采用串联方式,这需要在薄膜溅射后进行划线操作。此前的划线流程一直采用金刚石刀具来完成,但激光刻划已经变得越来越重要。相比于金刚石钻头,使用最先进的激光刻划系统可以确保更小线宽和槽距,从而有效减少非活动区域的面积,并提高模块效率。相比金刚石钻头的磨损和维修,激光加工采用非接触式加工,总的成本会更低[6]。

实际上纳秒脉冲的激光刻蚀足以满足大多数划线处理,但由于膜层厚度的不断减小以及膜层组合材料种类的增加,对激光烧蚀质量提出了极大挑战。此外,如图 8.3

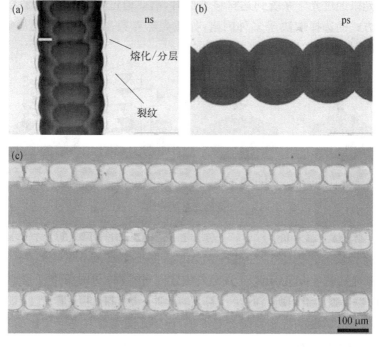

图 8.3　纳秒(a)和皮秒(b)脉冲烧蚀玻璃基底上的金属薄膜层;皮秒脉冲移除 SiN 薄膜层(c)[6]

所示,将高斯型激光强度分布通过光束整形操作转化为方形强度分布有望进一步提高薄膜烧蚀的质量。此外,新的单元设计已大量采用塑料替代原有的玻璃基底材料。因此,要在基底上非热烧蚀,使用皮秒脉冲是非常必要的。在这种情况下,激光加工可以与质量不断提高的直接印刷技术相媲美。

太阳能电池在不同膜层的镀膜处理中前后槽边缘之间极易出现短路故障,因此生产流水线上,边缘分离处理是必不可少的。通常这一操作是采用纳秒脉冲进行的,而最近的研究结果表明,通过皮秒脉冲进行充分烧蚀处理可以进一步使电阻增大四倍以上,能更加有效地避免短路故障。此外,对于薄膜电池和基于晶体硅片的电池的生产设计,会用到许多的激光处理流程,虽然大多数操作可以用纳秒或者甚至更长的脉宽激光来完成,但在边缘分离加工和增强表面吸收等激光处理工艺中,使用超短脉冲具有明显的优势。在薄膜生产中,超快激光加工由于精度较高,在柔性衬底的烧蚀加工中也是首选,而且对减少线宽和槽距也有明显帮助。

8.2 高精度钻孔

当激光束经过光学系统到达材料表面时,需要通过合适的加工方式来去除基材。加工方式的选择取决于多种因素,如激光器参数、加工孔直径、基础种类等。如图 8.4 所示,目前常见的激光打孔方式有:

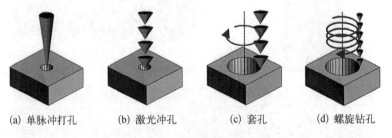

(a) 单脉冲打孔　　(b) 激光冲孔　　(c) 套孔　　(d) 螺旋钻孔

图 8.4　常见的几种激光钻孔的方式

(1) 单脉冲打孔(single shot):仅用高强度单发脉冲对材料进行处理,效率高,适合加工直径较小的孔;除非经过特殊光束整形,一般孔的深度较浅。

(2) 激光冲孔(percussion):激光束位置固定不动,利用高重复频率的激光脉冲加工材料,直到加工出所需的孔。需要的脉冲个数与脉冲能量、孔的直径与材料有关。这种工艺需要的控制系统相对简单,得到孔的大小取决于聚焦的光斑尺寸,适合加工直径较小的孔。

(3) 套孔(trepanning):聚焦的激光光斑沿着孔的圆周行走,每走一圈去除一定深度的微孔,直至达到所需的微孔。这种加工方式对控制系统有较高要求,事先要将每圈激光加工的深度以及所需孔的尺寸,进行编程控制,这种方式加工速度较慢。

(4) 螺旋钻孔(helix drilling):将聚焦的激光束由孔的中心处螺旋式向外移动,一层一层将材料去除。孔的尺寸、激光参数、基材的特性决定激光行走的圈数和重复的次数,对于大尺寸孔的加工,常用螺旋钻孔。

如图 8.5 所示,用高功率皮秒激光器钻孔喷油嘴,产生非常尖锐的边缘,孔内没有任何毛刺或熔融物,且内表面也很光滑,从而能实现最优化的燃料喷雾[7]。此外,喷油嘴的锥度可以从正值、零值到负值灵活调控,为优化喷射过程提供了一定的自由度。在加工过程中,为了实现特殊孔型需求和较高的打孔质量,需要使用特殊的螺旋钻孔方式。具体操作时,需要调整入射光束的倾斜角,从而弥补孔内壁引起的脉冲能量损失,钻出完美的圆柱孔或负锥度孔(钻孔的入口直径比出口小)。这样的高精技术保证了高纵横比,且每个孔加工只需要几秒钟,适用于汽车、航空、化工等行业的浇注应用、散热孔和高端过滤技术。

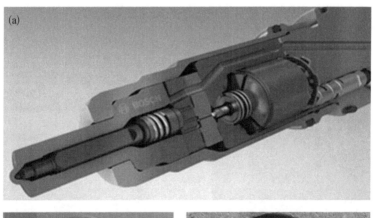

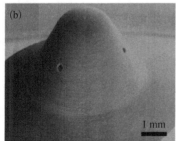

图 8.5　喷油嘴结构剖面示意图(a);喷油嘴头部结构照片(b);
喷油嘴小孔的扫描电子显微放大图像(c)[7]

随着航空航天事业的发展,各种新型材料不断得到应用,就飞行器发动机的散热片而言,目前以镍基合金、钛合金等各类高温合金为主。产品需求在此类合金上加工通孔以达到散热效果。从传统工艺上看，在金属上制备通孔，可以选择高功率的光纤激光或 CO_2 激光。但是在航空航天应用中，散热片在使用过程中需要承受更高的温度、机械的振动等恶劣环境，传统的钻孔工艺就显得"力不从心"，使用皮秒激光进行钻孔加工的优越性就体现出来了。

超快激光钻孔方式灵活多样，且不依赖于单一材料，除了金属材质外还可以在聚合物、透明介质、半导体基底上加工出高质量的通孔[8,9]。对透明材料钻孔时，可以避免 CO_2 以及纳秒激光钻孔所伴随的微裂纹以及碎屑的产生，皮秒激光钻孔可以实现边缘、侧壁的光滑加工，防止应力集中造成的材料碎裂。对于深径比例较低的孔，在印刷电路板（PCB）的三维封装上具有大规模应用[10]。自 20 世纪 50 年代发明印刷电路板以来，电路板上孔的加工一直是采用机械打孔的方法，已形成很成熟的工艺。但当孔的直径小于 200 μm 时，由于机械钻头易损，加工成本大大增加。20 世纪 90 年代末以来，激光打孔技术日臻成熟，与机械打孔相比，激光打孔具有更高的分辨率，可加工直径小于 50 μm 的孔，且不存在工具磨损，有很大的成本优势，已逐渐取代其他 PCB 微孔制备技术，成为主流工艺。目前，使用皮秒激光在 PCB 板上打孔可以实现高达每秒 1 000 个孔的速度，而且几乎没有磨损和工具维护时间。

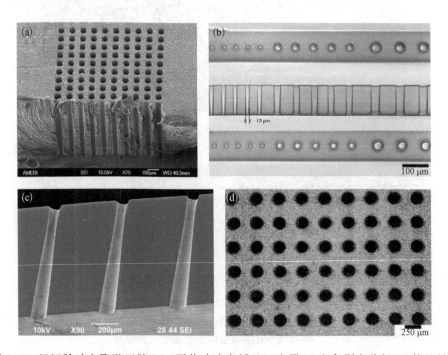

图 8.6　超短脉冲在聚酰亚胺（a）；石英玻璃光纤（b）；金属（c）和印刷电路板（d）等基材上钻孔[8-10]

8.3 精密切割

8.3.1 透明介质

透明介质材料(如透明玻璃、晶体、介质薄膜等材料)的精密加工越来越引起人们的关注,因为它广泛应用于智能手机前面板和光电设备基板,如平板电视、二极管和太阳能电池。皮秒激光脉冲低的热效应能够确保切割复杂的几何形状而不产生裂纹[11]。当前,智能手机及平板电脑在全球掀起了一股热潮,各大手机厂商纷纷加入。这其中玻璃切割及导电薄膜划线等生产工艺对于精密加工提出了新的要求,超快激光器无疑是一种理想的选择。它在与材料发生相互作用时,可以极大地抑制热效应的产生,其加工精度甚至可以突破光学衍射极限的限制。微电子及平板显示正逐渐成为激光应用市场新的亮点。

玻璃作为电子应用材料,不仅要坚硬耐磨,对弹性及柔软的需求也日渐增加,在用作显示器基板前需要进行化学强化。但在强化之后机械切割这些玻璃材料是一项极大的挑战:机具磨损严重,且切割边缘必须进行昂贵的研磨作业。当前,通过超短脉冲激光对强化玻璃基底进行特殊的改性切割能够形成线性的切割痕迹,产生的切割界面粗糙度低于 $0.5~\mu m$,这样就不必针对边缘进行昂贵的研磨作业;而且与使用纳秒、微秒等脉冲激光束切割相比,可以避免玻璃基板在边缘切割时融化。近几年,蓝宝石在电子显示市场的呼声越来越高,最大的优势在于它极高的抗磨损性、不惧刮擦等特点,而且其导热性也比塑料、普通玻璃等材质更出色,可显著提升屏幕的抗刮耐划性。然而,蓝宝石切割难度大、加工工艺极其复杂。以手机行业为例,用蓝宝石玻璃制作保护屏,仅在切割边缘过程中就会因易崩裂而导致整块蓝宝石作废,从选料、切割、研磨到抛光,每道工艺都有可能出问题。使用皮秒脉冲激光可有效解决这一难题,已广泛被行业标准采纳(图 8.7)。

激光器高精度加工甚至可以在玻璃材料中产生微通道和微机械结构(图 8.8),可用于控制微尺度范围内的化学过程[12,13]。进一步的应用如玻璃内部的标记和玻璃板的焊接也在开发中。

8.3.2 半导体和金属

半导体工业中主要的材料是硅,硅材料非常脆,而且在工业应用中一般厚度都很薄,给传统加工工艺带来困难。通过皮秒脉冲加工,裂纹的热影响显著降低(图 8.9)。该技术还可以进行更小的槽线加工。小芯片的切割有可能把多个元件组合到一个晶片上,这增加了产量,节省了材料和加工时间。除了芯片(管芯)的切割,甚至三维集成、有机电子、发光二极管(LED)和微机电系统(MEMSs)的前端烧

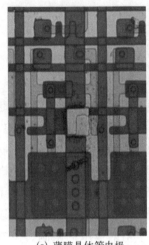
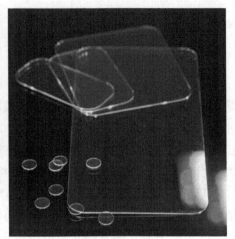

(a) 薄膜晶体管电极　　　　　(b) 蓝宝石手机屏

图 8.7　超短脉冲激光切割[11]

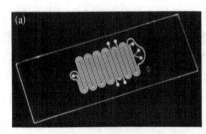

图 8.8　超短脉冲激光在玻璃基底上制备微流控芯片(a);微通道(放大图)(b);微机械齿轮(c)[12,13]

蚀过程也通过皮秒脉冲来实现[7]。

　　除半导体材料外,超短脉冲激光在金属材料的切割中也体现出极大优势。图 8.9(b)和(c)给出了纳秒和皮秒脉冲切割金属边缘形貌的对比图,可以看出皮秒脉冲切割边缘齐整干净,完全没有纳秒脉冲切割带来的熔覆物[13,14]。超短激光脉冲可以加工微电子器件中使用的各种材料,从金属(铜,金,钨等)到陶瓷(二氧化硅,碳化硅,氧化铝等)。用于纳米电子学的新材料,即所谓的低 k 和高 k 材料,即使它们非常脆或者非常硬,也都可以进行加工。

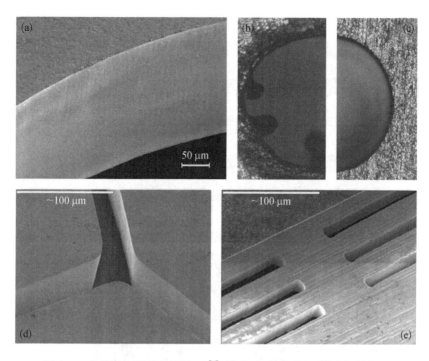

图 8.9　皮秒激光切割硅晶圆(a)[7]；纳秒(b)和皮秒(c)脉冲切割金属边缘轮廓对比；皮秒激光切割不锈钢(d)和银片(e)[13,14]

特别地，飞秒激光切割还在微电子掩膜版制造和修复中独具应用。掩膜版是昂贵的半导体光刻部件，线条的特征尺度一般在亚波长量级，生产过程中极易引入缺陷，使刻线相连。如不分割开来，则会致使其报废。飞秒激光切割能突破衍射极限的精度，不会造成金属铬的飞溅，也不会损伤玻璃基底，特别适合这一应用，已广泛被 IBM 等半导体公司采用，且已形成一定规模的产业[15]，如图 8.10 所示。

8.3.3　危险化学物品

目前废旧弹药主要来自战争遗留的未爆弹药、报废的储存弹药、故障弹药以及退役弹药等，它们的存在对生命财产造成巨大威胁，且需要消耗大量的人力、物力与财力。常规的机械方法处理废旧弹药为：首先对废旧弹药进行拆卸，最大限度地使其失效，然后通过燃烧/炸毁的方式处理炸药、发射药等含能材料，有时还通过高压水射流倒空和磨料水切割等技术。但是对于一些锈蚀弹药、弹头引信以及发射药锥体药筒等，利用常规的拆卸方法比较困难，因为弹药中的炸药、发射药以及火工品中的烟火药等含能材料，对热十分敏感，在废旧弹药的分解拆卸过程中，要避免在高温条件下操作，防止含能材料的热分解引起燃烧与爆炸。而飞秒激光是具有极高峰值强度和极短持续时间的光脉冲，当与物质相互作用时，能够以极快的速度将其全部能量注入很小的作用区域，瞬间内的高能量密度沉积将使电子的吸

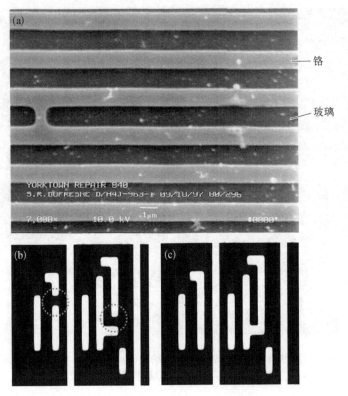

图 8.10 掩膜版结构(a);修复前(b)和修复后(c)的掩膜版透射显微图像[15]

收和运动方式发生变化,避免了激光线性吸收、能量转移和扩散等的影响,从而在根本上改变了激光与物质相互作用的机制。由于在飞秒激光对材料的加工过程中,热量基本上不向非加工区域传递,因此可以用来对弹药进行安全的切割,如图 8.11 所示。美国劳伦斯·利弗莫尔国家实验室的研究人员甚至认为,飞秒激光有希望作为一种冷处理工具,用于拆除退役的火箭、火炮炮弹及其他武器[16,17]。

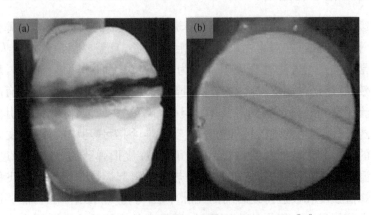

图 8.11 纳秒脉冲(a)和飞秒脉冲(b)切割炸药[16]

8.4 透明材料三维加工应用

8.4.1 激光三维标记与光存储

在标记的过程中,一般采用光纤激光打标机进行相关信息标记。目前,虽然在许多微加工应用中,人们可以采用纳秒激光打标机实现,但是在精细化程度上还是存在一定的不足。主要原因是利用这种激光设备进行手机的微加工标记,很容易会给手机相关精细产品赋予更多的热量,会导致熔化、开裂、表面成分的变化和其他副作用。纳秒激光设备往往很难达到同等质量,而且易于产生各种缺陷。由于长纳秒脉冲会导致标记表面部分加热,会引起包括边缘凸起、熔化、碎屑、基材开裂或损坏等问题。使用超短激光打标,就可以在手机精细化的标记中实现真正的无热加工。在实际的标记过程中,利用皮秒激光设备可以在手机相关产品上面实现高速度、高质量的精细化标记。

超快激光对透明材料的三维加工能力,使得它能很方便地将信息(如系列号、标志、图像、条形码、二维和三维安全识别码等)以激光直写的方式写入透明材料内部。这一记录方式是通过激光直写改变材料的折射率实现的,因而不会对材料表面有任何损伤。通过改变激光和材料的参数条件,可以在各种玻璃和钛宝石中制得彩色标记,标记的边缘极小,而且对基底材料的强度也不会有影响(图 8.12)。这种三维标记功能将慢慢被业界采纳[9]。

图 8.12 飞秒激光在玻璃内部不同深度处写入二维条形码[9]

普通的光存储技术是一种二维的数据表达方式,数据记录于光盘表面微小凸起结构内,因此很脆弱。物理磨损,以及暴露在有氧、高温、高湿的环境下都会对存储介质产生破坏,造成数据的丢失。最近,研究人员利用飞秒激光诱导偏振元件开发出一种新的五维数据存储技术,即利用玻璃中的微型纳米结构去编码信息[18]。

五维光碟能使用位于碟片内的纳米光栅结构去保存信息,通过特殊的激光设备获取快慢轴方向、相位延迟,以及用 X、Y、Z 轴表示的空间位置信息来读取数据。相对于传统光碟,五维光碟的数据存储密度更大;蓝光光碟可以保存 128 GB 的数据,而五维光碟存储的数据量可以达到蓝光的近 3 000 倍,即 360 TB。由于五维存储记录的媒介是石英玻璃,它是一种坚固的材料,只有很高的高温才能导致玻璃融化或变形,且有着良好的化学稳定性,因此这种五维光碟能确保数据在非常长的时间里不会丢失。五维光碟可以耐 1 000℃的高温。为了展示这一数据存储技术的优势,南安普顿大学团队将英皇钦定本《圣经》、牛顿的《光学》(光学和透镜理论的基础),以及联合国《世界人权宣言》用这一技术进行了记录,如图 8.13 所示。

图 8.13　飞秒激光诱导五维光碟存储示意图(a);将《圣经》、《光学》以及《世界人权宣言》等书存入石英玻璃内部(b)[19]

8.4.2　激光玻璃焊接

如今,熔焊被视为玻璃焊接应用中最有前途的技术之一。该技术无须任何过渡层便可以获得生态性和成本效率方面的优势,并且通过激光生产步骤便可实现全程的非接触。超短脉冲激光器具有高精度和无热影响的优点,它对周边区域产生的损害非常轻微,这让其非常适合用于上述生产过程(图8.14),并且具有完美的性能。正因如此,激光为许多行业创造了新的机会,包括快速发展的生物医学领域和要求较高的航空航天工业。焊接玻璃一直都被科学家和工业领域的制造商视为极大的挑战,这是因为玻璃具有的特定性能,例如,这种光学透明材料在温度变化时非常容易开裂或破损[20,21]。

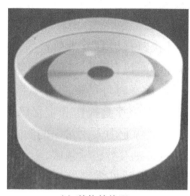 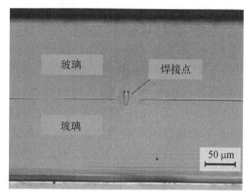

(a) 整体结构图　　　　　　　　(b) 光学显微侧视图

图8.14　飞秒激光焊接玻璃[22]

利用超短激光脉冲进行玻璃焊接具有很多优势,整个过程中在基材上不需要额外的层或是胶黏剂,这与常用的共晶键合或黏着性键合的方法不同。而且,它需要的能量远远少于其他传统的玻璃焊接技术,如阳极键合(也被称为场致扩散连接)或静电键合(在焊接过程中利用了电场)。封装是微机电系统(MEMS)设计的一个关键要素,封装内的环境对MEMS器件应用的效能至关重要,对MEMS传感器来说尤其如此,它生产的玻璃封装的电子芯片应用于感测旋转、加速和压力这些关键安全因素的各种应用中,包括汽车、火车和其他运输行业。快速增长的生物医学领域开发的很多应用也是同样的情况。激光焊接解决方案的一个关键优势是,它能更安全地封装敏感材料,在整个过程中不会像其他现有的焊接技术那样受到高温或化学物质的影响。

如今用激光焊接玻璃可以让分开的玻璃连成一个整体,这使得焊缝具有良好的力学性能,对航空航天工业来说,这是非常重要的属性。不同于用胶黏剂来连接玻璃,用激光焊接玻璃的过程中产生的接缝几乎是永存的,因为它不包含任何黏合剂,而黏合剂在化学物质缓慢蒸发之后会逐渐脆化。在太空中,焊接的物体,包括封装芯片器件如CMOS(互补型金属氧化物半导体)图像传感器,即便在最严酷的条件下也必须保持高度的可靠性和气密性。例如,在极端天气条件下,它们不得不面对显著增加的辐射损伤带来的威胁。紧聚焦飞秒光束将各种组件密封起来以使它们保持在室温状态，这给制造商带来了一种新的技术选择，可用以生产电子、工程、医疗和科学研究设备，如植入式芯片和传感器。

从其特性来看，玻璃是一种非常匹配生物医学技术目标的材料。首先，玻璃是一种"中性"的物质，在植入人体内部时与体液的生物相容性非常好，不会使植入物引起免疫排斥反应；第二，玻璃的使用寿命实质上来说是无限的，玻璃不会磨损、破裂，也不会像许多胶黏剂或其他焊接过程中使用的额外的基材那样逐渐降解。同时，与钛封装的应用不同，玻璃不会阻碍无线电频率(RF)的波长，这使得数据或能量能够透过玻璃封装的元件来实现转移。

随着技术的不断进步，激光焊接玻璃成为一种快速且极具成本效益的解决方案，可以协助生产新型的体外诊断设备。新的体外诊断设备可以帮助检测各种疾病、生理状况以及人体生物和疾病特征，这有可能取代费时且昂贵的实验室检测。此外，研究表明，未来将能用新的高科技大脑植入物来治疗脑损伤和记忆障碍等。未来激光微焊接技术将在生物医学行业大显身手。随着业内人士对新的激光密封玻璃技术的认识逐渐加深，新的应用会迅速崛起，例如在人类医学领域。

当新型玻璃材料和激光工艺的创新相结合时，可以预见零部件的尺寸将继续减小，移动设备将持续小型化。很有可能在集合了极薄的玻璃显示屏器件所需的所有功能之后，再在最后的步骤中使用激光焊接上第二层玻璃来保护显示屏。带有密封焊接痕的第二层玻璃除了能抵挡环境的影响以外还有更多的功能，它可以包含触摸屏和抗反射特性所需要的薄膜层，或者是一些只在实验室才能见到的新特性。

8.5 医疗应用举例

8.5.1 医用支架加工

由于超快激光加工对衬底材料的低影响，该技术目前已经非常成熟地应用在生产医疗设备中，如焊接起搏器和手术器械的标记。使用超快激光进行支架的切割已经应用很多年。对于在动脉阻塞中插入支架和伸缩管、打通动脉以恢复血流来说，光滑的表面尤其重要。人体有时会对植入物起反应，在支架上生长瘢痕组织，这会重新阻塞动脉。用超快激光器加工各种材料制成的支架，可以产生非常光滑的表面，从而减少了瘢痕组织生长的机会[23]。

心血管支架虽应用于医疗领域，而本身却是工业加工的产物。通常心血管支架长度为5～30 mm，直径为2～5 mm，厚度约为0.1～0.2 mm，支架壁都是按照各公司自行设计的旨在提高抗压力和药物涂层黏着力的复杂图案,非常精细,而且不能有裂纹,边缘必须干净,没有渣滓或毛刺附着。除金属支架外,还有一类完全生物可吸收材料,能有效解决金属支架的再窄化、堵塞以及术后并发症等问题,它要求优于 20 μm 的切割精度,支架表面高度平滑、光洁。以前的心血管支架的加工是由高光束质量的光纤纳秒激光器来完成的,但是纳秒激光器并不能实现冷加工,也不能实现微米级的加工,因为其光斑就已经达到十几微米,对于冠心病这种要求更细小的心血管支架(20～300 μm),显然是不能满足需求的。

超短激光脉冲能在瞬间将电子激发到高能态,且被激发的高能态电子没有足够的时间将能量传递给晶格,实现真正的冷加工。超快激光加工代表了心血管支架加工的发展方向,也是精细加工领域的发展趋势。例如,皮秒激光器能够实现与熔融切割相匹敌的切割速度,并在切割质量方面具有明显优势,能将后续处理过程降低到最低程度,进而提高生产量(图 8.15)。除了金属材料外,使用相同的激光器还可用于切割聚合物以及其他非金属支架,从而实现较高的切割速度与切割质量,使其成为用于医疗设备制造的一种极具潜力的切割工具。这些"冷加工"超短脉冲激光器在待加工材料中产生的热效应可以忽略不计,并证明用于下列工业要求的精密加工中十分理想:缝合针钻孔、导管焊接以及血液过滤器中的微孔钻孔。这些超快激光加工系统正在为激光加工构建新兴以及不断扩展的市场,将是这十年中后五年销售收入增长的领先者。

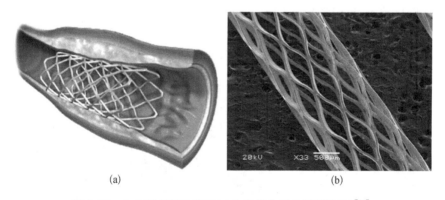

(a) (b)

图 8.15 心血管支架示意图(a)和扫描电子显微图像(b)[24]

8.5.2 激光手术

现在眼科医生正在将飞秒激光技术扩展到用于实施白内障手术。其中的一个目的是软化眼球晶状体中引起白内障的硬核,从而可以很容易地将其去除;另一个目的是实施去除眼球晶状体所需的切割,并在对眼球其他部位伤害最小的情况下插入替换物。研究人员报道,飞秒激光治疗降低了手术要求,并且减少了晶状体去除过程中的超声暴露;此外,飞秒激光手术避免了对角膜内皮细胞的损伤,而传统的白内障手术会造成这种损伤。

以飞秒激光制瓣技术为例,它抛弃了传统手术制瓣使用的金属角膜刀,代之以完全由电脑控制的飞秒激光制瓣,使制瓣过程的安全性发生了质的突破,如图 8.16 所示。飞秒激光制作角膜瓣时预先设置角膜瓣的厚度、直径、形状及膜瓣蒂的位置和

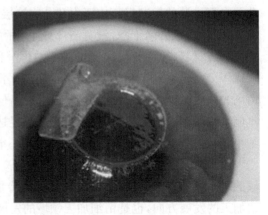

图 8.16　飞秒激光眼球屈光矫正手术[25]

宽度等参数,在计算机程序的精确控制下作角膜瓣。与常规的机械角膜板层刀相比,飞秒激光的优势体现在:① 不会出现纽扣瓣、游离、破碎等情况,角膜瓣厚度均匀一致;② 定量控制,能够将角膜厚度精准控制在微米级别,通常要求厚度为 90~100 μm 的角膜,误差能达到 10 μm 以内;③ 避免了刀片导致的交叉感染可能性;④ 角膜瓣切削的深度均匀,损伤的神经和血管较少;⑤ 造成的散光和高阶波前像差较小。由于上述优点,飞秒激光开始替代传统手术刀,担负起 LASIK 手术中最为关键的制作角膜瓣的任务。

在医疗领域,超快激光加工除了应用于眼科手术以外,还应用于其他的显微外科中,如纳米切割人体染色体和非热性手术切割烧蚀脑组织样品等[27],如图 8.17 所示。采用飞秒激光手术对生物组织和细胞进行修正和切除在生物和医学领域越

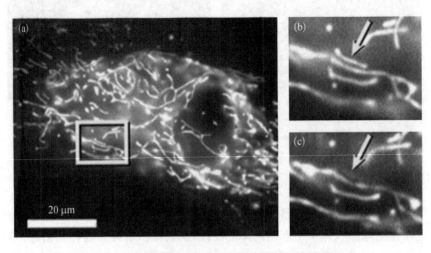

图 8.17　使用飞秒激光对活细胞中线粒体进行切除(a);
切除前(b)和切除后(c)的光学显微图像[26]

来越重要。飞秒激光材料微加工方面的优势对生物材料同样适用。在生物体内飞秒激光手术的灵活、精确和可三维定位等特点为人类疾病的医学研究提供了新的机会。

参 考 文 献

[1] Abeln T, Klink U. Laseroberflächenstrukturierung-Verbesserung der tribologischen Eigenschaften//Hügel H, Dausinger F, Müller M. Stuttgarter Lasertage SLT '03 Forschungsgesellschaft für Strahlwerkzeuge (FGSW), Stuttgart, Germany, 2003, 107-110.

[2] GmbH R B. Herausragendes neues Produktionsverfahren Bosch-Forscher mit innovationspreis ausgezeichnet. Pressrelease PI 6323, September 2008.

[3] Dumitru G, Romano V. Boosting the lifetime of deep-drawing tools by laser structuring//Graf T, Kern S. Proceedings of the Stuttgart Laser Technology Forum '08 (SLT'08) Stuttgart, Germany, 2008.

[4] Lehmann B. Lasergravur für die Druck- und Prägetechnologie//Forum Photonics BW. Lasertechnologie in der Anwendung: Mikrostrukturieren, Mikroschweißen. Oberkochen, Photonics BW. Stuttgart, German, 2004.

[5] Hennig G, Selbmann K H, Mattheus S, et al. Laser precision micro fabrication in the printing industry. Journal of Laser Micro/Nanoengineering, 2005, 1: 89-98.

[6] Booth H. Laser processing in industrial solar module manufacturing. Journal of Laser Micro/Nanoengineering, 2010, 5: 183-191.

[7] Weiler S. Ultrafast lasers-high-power pico-and femtosecond lasers enable new applications. Laser Focus World, 2011, 47(10): 55.

[8] Valley Design Corporation. http://www.polyimide-substrates.com. [2016-3]

[9] Wophotonics Corporation. http://wophotonics.com/. [2016-3]

[10] Gower M C. Industrial applications of laser micromachining. Optics Express, 2000, 7(2): 56-67.

[11] Eric Mottay. Ultrafast lasers for consumer electronics. http://www.industrial-lasers.com/articles/print/volume-30/issue-2/features/ultrafast-lasers-for-consumer-electronics.html. [2016-3].

[12] Hecht J. Photonic Frontiers: Ultrafast laser processing-ultrafast lasers make ultraprecise tools. Laser Focus World, 2012, 48(3): 39.

[13] Qmed Corporation. http://www.qmed.com/. [2016-3]

[14] Klimt B. Picosecond lasers: the power of cold ablation. OLE, July/August 2009, 19-21. www.optics.org/article/39899.

[15] Haight R, Hayden D, Longo P, et al. MARS: Femtosecond laser mask advanced repair system in manufacturing. Journal of Vacuum Science & Technology B, 1999, 17(6): 3137-3143.

[16] Roeske F, Armstrong J, Banks P, et al. Laser cutting of pressed explosives. Energetic Materials, Production, Processing and Characterization, Germany: Fraunhofer-Institut fur Chemische Technologie, 1998, 104.

[17] Roos E V, Benterou J J, Lee R S, et al. Femtosecond laser interaction with energetic materials//International Symposium on High-Power Laser Ablation 2002. International Society for Optics and Photonics, 2002, 415-423.

[18] Zhang J, Gecevičius M, Beresna M, et al. Seemingly unlimited lifetime data storage in nanostructured glass. Physical Review Letters, 2014, 112(3): 033901.

[19] Zhang J, Čerkauskaitė A, Drevinskas R, et al. Eternal 5D data storage by ultrafast laser writing in glass. In SPIE LASE, 97360U-97360U. International Society for Optics and Photonics, 2016.

[20] Tamaki T, Watanabe W, Nishii J, et al. Welding of transparent materials using femtosecond laser pulses. Japanese Journal of Applied Physics, 2005, 44(5L): L687.

[21] Richter S, Döring S, Tünnermann A, et al. Bonding of glass with femtosecond laser pulses at high repetition rates. Applied Physics A, 2011, 103(2): 257-261.

[22] Seydi Yavas. Femtosecond laser glass processing. http://www.industrial-lasers.com/articles/print/volume-30/issue-1/features/femtosecond-laser-glass-processing.html. [2016-3]

[23] Weber J. Using ultrashort energy pulses to form high precision openings in stents; nondamaging; no polishing or cleaning required. U. S. Patent 6, 517, 888. 2003-2-11.

[24] LASYS. http://optics.org/press/1381. [2016-3]

[25] Sugioka K, Cheng Y. Ultrafast lasers — reliable tools for advanced materials processing. Light: Science & Applications, 2014, 3(4): e149.

[26] Gattass R R, Mazur E. Femtosecond laser micromachining in transparent materials. Nature Photonics, 2008, 2(4): 219-225.

[27] Shen N, Datta D, Schaffer C B, et al. Ablation of cytoskeletal filaments and mitochondria in live cells using a femtosecond laser nanoscissor. Mechanics & Chemistry of Biosystems Mcb, 2005, 2(1): 17-25.

索 引

B

半导体　1
半导体可饱和吸收镜　23
保偏波导　119
贝塞尔光束　57
表面粗糙度　120
表面等离子体波　74
表面浸润特性　80
表面微加工　5
表面增强拉曼散射　82
表面周期结构　70
玻璃焊接　13
薄膜　65
薄片激光器　24

C

材料内部改性　4
掺钛蓝宝石　21
超分辨加工　59
超快激光　1
超快激光加工　4
超亲水　80
超疏水　80
超疏水表面　8
传输损耗　109

D

达曼光栅　95

带隙　3
单脉冲打孔　162
导带　3
等离子体屏蔽　3
第二类波导　113
第一类波导　112
电光调制　107
电子-晶格耦合时间　66
定向耦合器　115
多功能集成　107
多光束干涉　8
多光子还原　101
多光子吸收　1
多孔玻璃　140
多脉冲加工　44
多束光干涉　30

E

二氧化碳激光回流　120

F

飞秒光纤激光器　23
飞秒激光　1
飞秒激光并行微纳加工　28
飞秒激光辅助湿法化学刻蚀　135
飞秒激光直写　28
飞秒激光制瓣　174
非互易直写　52

非线性系数　113
菲涅耳波带片　95
分束器　10
分相法　141
封装　171
峰值功率　21
浮雕和成型模具　159
负性光刻胶　91
负锥度孔　163

G

干涉仪　107
高功率激光器　21
高精度　160
高通量　160
工作距离　110
光波导　4
光存储　107
光伏组件　161
光流控集成　146
光敏玻璃　110
光镊　97
光耦合器　10
光束质量　24
光学成丝　110
光学穿透深度　65
光学导波模式分布　109
光学微腔　121
光子带隙　96
光子晶体　95
光子器件　2

H

含能材料　167
黑硅　8
回音壁模式　121
火焰抛光技术　120

J

机械式可变形镜　40
激光冲孔　162

激光刻划　161
激光立体光刻　89
激光三维标记　169
激光手术　173
集成光学　107
集成量子光子回路　118
价带　3
焦面强度倾斜　55
结构颜色　76
界面损耗　109
金属表面着色　79
金属导体微结构　11
近场光学效应　8
精密切割　165
聚合物纳米线　91
聚焦透镜　29
绝缘体　1

K

抗摩擦损耗结构　158
可变形镜　31
空间光调制器　31
空间整形　32

L

雷诺数　98
量子尺寸效应　93
硫系玻璃　111
轮廓扫描　90
螺旋钻孔　163

M

马赫-曾德尔　107
马赫-曾德尔干涉仪　115
迈克耳孙干涉仪　27
脉冲宽度　24
脉冲能量　24
脉冲前沿倾斜　55
毛细效应　80
模式体积　121

N

纳流控技术　144

索引

纳米尺度加工　1
纳米等离子体　144
纳米空穴　108
纳米条纹　1
铌酸锂　107

P

硼硅酸盐玻璃　111
皮秒激光　1
偏振敏感　58
偏振信息编码　58
偏振整形　33
偏振整形加工　58
频率分辨光学开关法　25
频率转换器　117
频谱宽度　24
品质因子　121
平板显示　161
平面光刻　107

Q

切割　68
氢氟酸　106
氢氧化钾　106

R

热退火　120
热影响区　1
熔石英玻璃　106
柔性衬底　162
软光刻　134
软物质　1

S

三维(3D)微加工　2
三维光刻　52
三维平移台　29
散射　109
色散　23
色心　111
烧蚀阈值　1
深径比例　164

生物兼容材料　82
生物兼容性　99
生物微芯片　2
声光调制器　31
声光可编程色散滤波器　40
时空聚焦　39
时空整形　33
时域整形　31
受激发射损耗　59
数值孔径　29
衰减片　29
双光子聚合　9
双折射　34
水辅助飞秒激光直写　139
隧穿电离　4
损伤阈值　66
锁模　21

T

套孔　162
体素　90
调 Q　21

W

微电子掩膜版　167
微光学元件　4
微混合反应器　136
微机电系统　99
微加热器　107
微流控染料激光器　146
微流控芯片　134
微流体技术　134
微流体器件　98
微流通道　4
微纳机械　94
微透镜　95
微透镜阵列　29
微型泵　98
微型过滤器　98
微型混合器　98

微型支架	99	液态树脂材料	89
微锥结构	74	印刷电路板	164
无衍射光束	56	圆柱孔	163

X

Z

吸收损耗	109	载流子激发	4
显微外科	174	啁啾脉冲放大(CPA)技术	2
显微物镜	29	啁啾脉冲放大技术	22
线栅扫描	90	折射率	10
相位板	57	振镜扫描器	29
雪崩电离	4	正性光刻胶	91

Y

		自参考光谱相位相干电场重建法	26
亚衍射极限	5	自清洁效应	80
衍射光学元件	30	自适应环	32
衍射极限	2	自陷激子	4
掩膜修复	13	自相关测量	25
眼角膜修复	13	自组织理论	74
液晶空间光调制器	40	钻孔	68

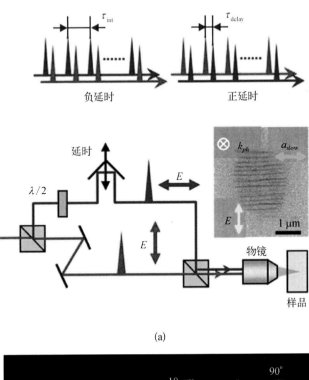

(a)

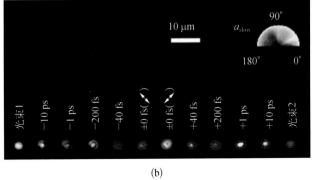

(b)

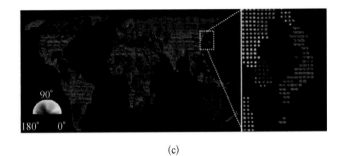

(c)

图2.15 双光束交叉偏振飞秒激光直写技术

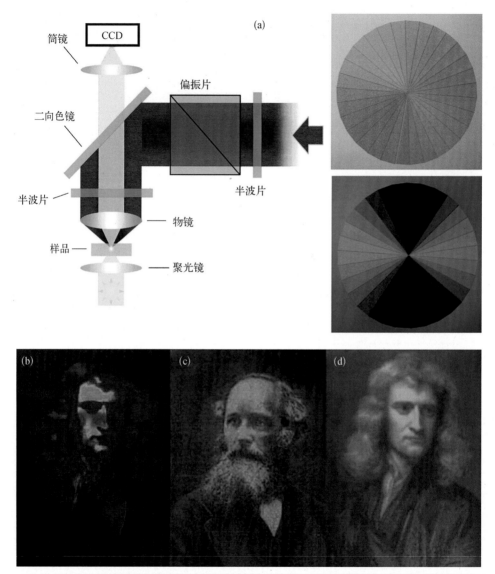

图3.20 飞秒激光偏振整形加工装置示意图及利用该装置直写制备的偏振转化器的光学显微图像(a);将牛顿和麦克斯韦图像以不同的偏振结构同时写入透明材料中(b)和分别解码出的麦克斯韦(c)及牛顿的头像(d)

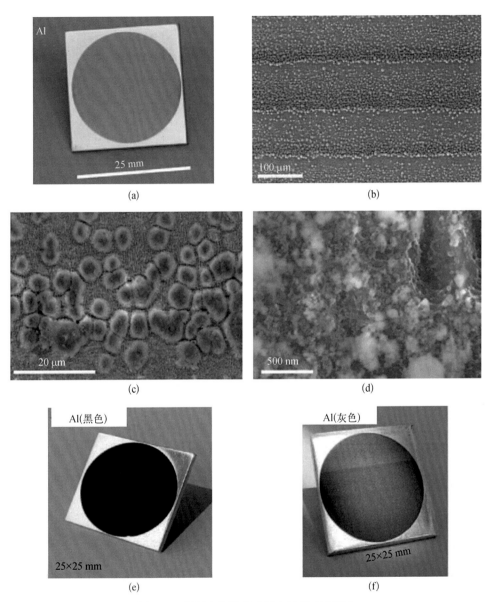

图4.11 利用飞秒激光进行金属铝表面着色
(a)金色铝形貌;(b)~(d)不同放大倍率下金色铝的表面微米、纳米结构;(e)黑色铝形貌;(f)灰色铝形貌

图4.13 有色铝金属表面
(a)不同角度观察的有色铝表面;(b)有色铝表面的微米、纳米结构的电子显微图像

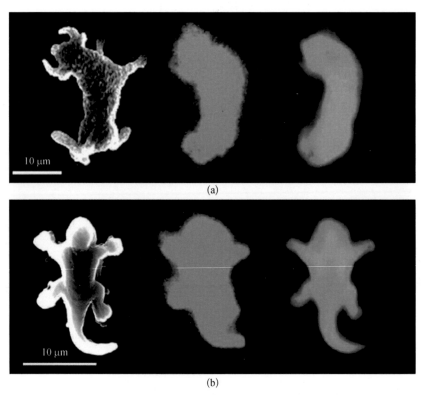

图5.6 纳米牛(a)和纳米蜥蜴(b)的扫描电镜图和不含交联剂和含有交联剂的荧光照片